U0692974

人工智能
实践应用教程 师范类

**Artificial Intelligence
Practical Application Tutorial**

蒋云良　郑忠龙 主编

周昌军　昝　辉　马永进 副主编

ZHEJIANG UNIVERSITY PRESS
浙江大学出版社
·杭州·

图书在版编目（CIP）数据

人工智能实践应用教程：师范类 / 蒋云良，郑忠龙
主编 . -- 杭州：浙江大学出版社，2025. 6. -- ISBN
978-7-308-26348-1

Ⅰ. TP18

中国国家版本馆 CIP 数据核字第 20251675JM 号

人工智能实践应用教程(师范类)

蒋云良　郑忠龙　主编

周昌军　昝　辉　马永进　副主编

策　划	黄娟琴　柯华杰	
责任编辑	吴昌雷	
责任营销	蔡　镜	
责任校对	王　波	
封面设计	程　晨	
出版发行	浙江大学出版社	
	（杭州市天目山路 148 号　邮政编码 310007）	
	（网址：http://www.zjupress.com）	
排　版	杭州晨特广告有限公司	
印　刷	杭州杭新印务有限公司	
开　本	787mm×1092mm　1/16	
印　张	10	
字　数	213 千	
版 印 次	2025 年 6 月第 1 版　2025 年 6 月第 1 次印刷	
书　号	ISBN 978-7-308-26348-1	
定　价	39.00 元	

版权所有　侵权必究　印装差错　负责调换

浙江大学出版社市场运营中心联系方式：0571-88925591；http://zjdxcbs.tmall.com

《人工智能实践应用教程（师范类）》
编委会

主　　编　蒋云良　郑忠龙

副主编　周昌军　昝　辉　马永进

参　　编　林飞龙　徐晓丹　李知菲　吕　骥　陈　军

序　言

在人类科技发展的浩瀚长河中，总有一些恬静而壮美的力量，如璀璨星辰照亮前行的道路，引领时代迈向新的高度。今天以人工智能为核心的新一轮科技革命与产业变革正以磅礴之势成为重塑世界经济格局、驱动社会深刻变革的核心力量。从随风潜入夜一般对人类日常生活的悄然"智慧＋"赋能，到以新质生产力为引擎对产业格局的重构，人工智能时时、处处彰显着其巨大的影响力与变革力。

先前诸如蒸汽机和半导体等技术多是从机械化增强角度提升了人类与环境的互动能力，然而，人工智能的出现挑战了人类的根本，它深刻改变了人类与环境互动的能力和角色，扩展了人类认知框架。近来生成式人工智能的出现使得智能机器成为知识生产的辅助者，对个体学习者的自主思考、判断、学习能力乃至伦理道德观提出了挑战。

人工智能天然具备"至小有内，至大无外"的学科交叉潜力，无论是从人工智能角度解决科学挑战和工程难题（AI for Science，如利用人工智能预测蛋白质序列的三维空间结构），还是从科学的角度优化人工智能（Science for AI，如从统计物理规律角度优化神经网络模型），未来的重大突破将越来越多地源自这种交叉领域的工作。因此加强人工智能通识教育，让学习者了解人工智能、使用人工智能和创新人工智能显得尤为重要。

在人工智能普及教育的发展浪潮中，浙江师范大学立足高起点，秉持前沿性与基础性并重、专业性与趣味性相融的理念，编写人工智能通识及其实践应用系列教材（包括《人工智能通识教程》和《人工智能实践应用教程》），内容涵盖人工智能的各个关键领域，从基础理论到前沿技术，从认知原理到实践应用，从技术发展到伦理思考，精心构建了一个系统全面、层次分明的人工智能知识体系，为非计算机专业学生搭建了一座通往人工智能知识殿堂的桥梁。

系列教材在内容编排上独具匠心，每章均巧妙融入与行业领域紧密相关的导入案例，将抽象的人工智能理论与鲜活的行业实践紧密结合，使学生在学习过程中能够深刻感受到人工智能技术对社会各行业带来的变革与机遇，激发他们运用人工智能技术解决实际问题的创新思维与实践能力。这种将专业教育与行业应用深度融合的编写思路，无疑为人工智能通识教育提供了有益的借鉴与示范。

作为面向未来的新形态教材，系列教材在注重知识传授的同时，更强调对学生创新思维、批判性思维和跨学科融合能力的培养。通过深入浅出的讲解、丰富多样的案例分析以及前沿技术的探讨，引导学生突破学科界限，拓宽学术视野，培养适应人工智能时代发展需求的综合素质与能力。这对于培养一批既懂教育又懂人工智能，能够在未来教育领域发挥引领作用的创新型人才，具有重要的现实意义和深远的历史意义。

"大鹏一日同风起，扶摇直上九万里"，人工智能的浪潮正以不可阻挡之势奔涌向前，为青年学子提供了广阔的发展空间与无限的创新机遇。希望这套教材能够成为广大青年学子探索人工智能奥秘的引航灯塔，激发大家对人工智能技术的浓厚兴趣与无限热情，引导大家在人工智能的广阔天地中砥砺前行，勇攀高峰。

浙江大学求是特聘教授
浙江大学本科生院院长

前　言

　　在这个日新月异的时代，技术的飞速发展正在以前所未有的方式重塑着我们的教育生态。人工智能，作为21世纪最具变革性的技术之一，正逐步渗透到教育的每一个角落，为教师的专业发展、教学方法的创新以及学生学习体验的提升开辟了广阔的空间。对于即将步入教育领域、肩负未来教育重任的师范生而言，掌握人工智能的基本理念、了解其实践应用，不仅是个人技能提升的需求，更是推动教育现代化、培养适应未来社会需求人才的关键。

　　《人工智能实践应用教程（师范类）》正是基于这样的时代背景和教育需求应运而生。本教材在浙江师范大学教材建设基金的立项资助下，旨在为师范生提供一本既系统全面又易于入门的人工智能实践应用指南，帮助他们构建起对人工智能技术的正确认识，掌握其在教育领域的应用方法与策略，从而在未来的教学实践中能够灵活运用，成为引领学生探索未来世界、激发创新思维、培养核心素养的优秀教师。在内容设计上，紧密结合教育实际，围绕《兰亭集序》的教学设计，通过丰富的案例分析、项目实操，展示人工智能在教学资源生成、教学过程、教学管理、教学研究辅助等方面的具体应用。本书分7章，内容如下。

　　第1章——图文资源智能生成与识别，聚焦于AI如何助力教学资源的丰富、优化与个性化定制。从智能搜索、智能推荐到图文资源自动生成，AI技术正在打破传统资源的界限，让教学内容更加多样、生动且贴合学生需求。

　　第2章——音视频资源智能生成与识别，聚焦于如何利用AI技术生成音视频教学资源，提升教学效果。主要介绍酷狗唱唱、微信AI音乐识别、讯飞绘镜和通义千问等智能工具在音视频资源智能生成与识别中的应用和最新进展。

　　第3章——WPS智能辅助办公，聚焦WPS AI数据助手及智能文档功能，对Excel表格数据进行快速处理与分析，包括数据处理、图表制作、函数调用等。WPS文档可用于课件制作、教案编写，这些功能通过集成先进的人工智能技术，为师范生提供了高效、智能的教学、办公体验。

　　第4章——教案与课件智能生成，聚焦教学的智能化。教案和课件是教学过程中的核心化工作，讯飞星火通过其先进的自然语言处理技术和深度学习能力，为用户提供智能化的教案生成和课件设计，可提供丰富的模板和素材，使教案更专业，课件更美观。

第5章——教学过程智能辅助，聚焦教学过程的智能辅助，通过豆包智能体实现教师与学生之间的交流，完成如课程预习方案设计、问卷和测试试卷等的智能生成，智能辅助教师完成教学过程。

第6章——教学管理智能辅助，聚焦教师教学管理的智能辅助，特别是智能阅卷与作业管理以及班主任管理的相关工作，包括班级图片智能分析、主题班会设计、班级活动新闻生成等内容。

第7章——教学研究智能辅助，聚焦于AI赋能教育研究，从论文综述撰写，到摘要智能翻译，帮助师范生深入理解教育现象，提升研究能力。

教材特别注重培养师范生的创新思维与问题解决能力，鼓励他们在理解技术原理的基础上，探索如何将人工智能技术创造性地融入课程设计、教学活动及师生互动之中，以技术赋能教育，促进教育的公平、质量与效率。

此外，考虑到教育技术的快速发展，教材特别强调了持续学习与适应变化的重要性。在我们编写此书的过程中，DeepSeek正异军突起并风靡全球，因此，我们鼓励师范生不仅要掌握现有的技术和工具，更要培养对新技术、新理念的敏锐感知和快速学习能力，为终身学习奠定坚实基础，成为能够引领教育未来发展的先锋力量。教材适应本科、高职层次师范类专业教学。当然，由于技术更新迅速，书中难免存在不足之处，恳请读者批评指正，我们将不断完善内容。

最后，我们衷心希望《人工智能实践应用教程（师范类）》能成为每一位师范生成长路上的良师益友，助力他们在教育的广阔天地间展翅高飞，共同开创更加智慧、包容、高效的未来教育新篇章。

让我们一起，以科技之名，点亮教育的希望之光。

编　者

2025年1月16日

目　录

第 1 章　图文资源智能生成与识别

在信息技术蓬勃发展的当下，人工智能（Artificial Intelligence，AI）已成为推动教育领域深刻变革的重要力量。作为未来教育的生力军，师范生对AI技术的掌握与应用能力，将直接影响教育现代化进程的速度与质量。图文生成与识别技术，作为AI在教育领域中的一个重要分支，正以其独特的优势，为教学模式的创新与学习体验的升级提供着强有力的支持。这类智能工具不仅能够根据输入的文本自动生成符合语境的图像，还能精准识别图像中的信息并转化为可编辑的文本，极大地拓宽了信息交流的边界，提升了信息处理的效率与精度，图文资源的智能生成与识别正在重塑我们的教学模式。

本章将结合《兰亭集序》开展阅读、仿写、背景图片生成和识别等方面的教育应用实践。基于学生的学习进度和兴趣偏好，智能生成符合其需求的图文学习资源，提升学习的针对性和趣味性。重点介绍360 AI浏览器的使用，以及智能文本生成与识别、智能图片生成与识别等技术，具体包括：

（1）360 AI浏览器在智能阅读与内容摘要、互动问答、思维扩展方面的应用；

（2）文心一言/DeepSeek两大大语言模型智能文本生成方法与优化策略；

（3）QQ、微信、手机扫描全能王文字识别技术；

（4）文心一格智能图片生成技术；

（5）Kimi AI智能图片识别及其扩展应用。

1.1　智能工具起点——AI浏览器

智能浏览器集成的AI技术，如深度学习、强化学习等，以提供更智能、更个性化的服务。智能浏览器展示了AI技术在提高用户体验、优化内容推荐等方面的巨大潜力，并推动了 AI 技术在其他领域的应用和发展。比如 Chrome 浏览器已经可以通过安装扩展程序的方式集成 ChatGPT。OpenAI 推出了一款 Chrome 扩展程序，允许用户将 ChatGPT 设置为 Chrome 浏览器的默认搜索引擎。安装该扩展程序后，用户可以直接通过浏览器的 URL 栏使用 ChatGPT 进行搜索，获得快速、及时的答案，并附上相关网络资源的链接。

360 浏览器，特别是其 360 安全浏览器和 360 AI 浏览器版本，集成了众多先进功能和安全防护措施，为用户提供了高效、智能且安全的上网体验。

在《兰亭集序》的教学中，可以通过 360 AI 浏览器打开相关网页或 PDF 文档，浏览器会自动生成文章的主要内容摘要，帮助学生快速抓住文章的核心思想和历史文化背景。通过"追问"功能，提出关于文章的历史背景、作者王羲之的生平、文章的艺术特色等问题，浏览器会基于 AI 技术提供详细的解答，帮助学生深入理解文章；可以生成文章的思维导图，帮助学生梳理文章的结构、段落逻辑和核心思想，便于记忆和理解。

1.1.1　360 AI 浏览器的安装与注册

浏览器是接触人工智能最简易的工具，本节重点介绍 360 AI 浏览器的使用。可以通过 360 官方网站下载 360 AI 浏览器，下载界面如图 1-1 所示。

图 1-1　360 AI 浏览器下载界面

> 🌐 **任务 1**：通过 www.360.com 下载安装 360 AI 浏览器，并注册账户。

下载 360 安装包，双击安装包便可自动在电脑进行安装，安装完成后，双击浏览器图标可进入 360 AI 导航主页面，如图 1-2 所示。

图 1-2　360 AI 导航主界面

如想利用浏览器实现个性化推荐和表单信息自动填写功能，可以完成注册登录，如图 1-3 所示。基于用户的浏览历史和行为数据，360 AI 浏览器能够实时分析用户的需求，并推荐相关内容。此外，360 AI 浏览器还能识别网页中的表单，自动填入已保存的用户信息，省去反复手动输入的烦琐步骤。对于需要频繁登录的场景，这一功能显著提高了操作效率。

图 1-3　360 AI 浏览器登录界面

1.1.2　360 AI 浏览器的简介阅读模式

360 AI 浏览器支持对适配的网站自动进入阅读模式。用户可以在浏览器的设置中开启这一功能。开启后，当浏览适配的网站时，浏览器会自动切换至阅读模式，为用户提供更舒适的阅读体验。简介阅读模式下界面包括原网页样式和网页简介内容两部分，如图1-4所示。

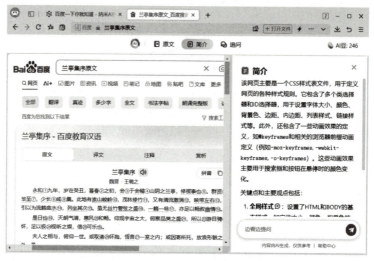

图1-4　360 AI浏览器简介阅读模式

> 🔵 **任务2**：选择一篇**PDF**格式论文，选择**360 AI**浏览器打开方式，查看简介阅读模式效果。

1.1.3　360 AI 浏览器的内容追问功能

在AI阅读模式下，360 AI浏览器能够自动总结网页或文档的主要内容，并提供一个互动式的问答界面，允许用户针对内容提出问题，并给出即时解答，如图1-5所示。

图1-5　360 AI浏览器内容追问

⚙ **任务 3：使用"追问"功能，了解《兰亭集序》涉及的历史文化背景。**

1.1.4　360 AI 浏览器的思维导图与扩展

360 AI 浏览器内置 AI 知识库，能够自动为打开的网页、文档整理智能摘要、文章脉络和思维导图等，帮助用户更快地理解和消化信息。

对于信息结构化程度较高的结构化的网页或文档（如教程、报告等），AI 阅读模式可以自动生成脑图，帮助用户更直观地理解文章的逻辑结构。此外，该模式还具备智能标注功能，能够自动识别文章或文档中的关键点并高亮显示，使读者快速抓住核心信息。对于包含复杂的数据或理论性较强的内容，AI 阅读模式能够提供深入分析，辅助用户更好地理解和消化信息。

🔧 **操作步骤**

①利用 360 AI 浏览器打开 PDF 格式文档，如图 1-6 所示。

图 1-6　360 AI 浏览器打开 PDF 格式文档

②选择脑图，便可以生成如图 1-7 所示的对文章进行分析的脑图。

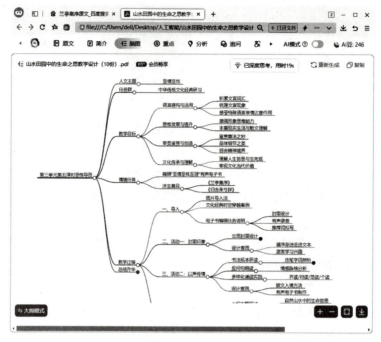

图1-7　文档脑图生成

> ⚙ 任务4：通过360 AI浏览器"重点"分析功能，查看其对文档的分析。

1.2　智能文本生成与文本识别

　　智能文本生成与文本识别是人工智能技术在语言处理领域的两大重要应用，它们各自具有独特的功能和应用场景。智能文本生成主要依赖于自然语言处理（Neuro-Linguistic Programming，NLP）和机器学习技术。这些技术通过对大量文本数据的学习和分析，能够捕捉语言的模式和规律，从而生成符合语法和语境的文本内容。在性能上，智能文本生成技术不断提升理解和生成质量，并实现多模态融合。同时，它更注重个性化定制，能依用户偏好和需求生成特定风格适配内容。光学字符识别技术（Optical Character Recognition，OCR），是一种将图像中的文字转换成可编辑文本的技术。OCR通过光学技术与计算机技术的结合，可将各种证件、票据、文件及其他印刷品的文字转化为图像信息，再利用文字识别技术将图像信息转化为可以使用的计算机输入数据。这种技术可以直接从影像中提取各类数据，省去人工录入的烦琐步骤，显著节约成本。

　　在学习《兰亭集序》时，需要了解文章的历史背景、作者王羲之的生平、东晋时期的文化氛围等。大语言模型（文心一言、DeepSeek）可以帮助学生快速获取这些背景知识，生成符合《兰亭集序》风格的仿写文本。《兰亭集序》是一篇古文，学生可能对某些文言文词汇和句子结构感到困惑，大语言模型可以帮助学生将古文翻译成现代汉语，便于理解；甚至可以根据学生的学习进度和兴趣，生成个性化的学习资源，如《兰亭集序》的相关练习题、扩展阅读材料等。

1.2.1　文心一言智能文本生成

百度旗下的文心一言，智能文本生成功能强大。它可根据给定主题与关键词，轻松创作新闻报道、科技论文、散文小说等各类文章，还能撰写产品广告、营销策划等商业文案，精准凸显产品优势。此外，它支持文本改写，可进一步优化语句结构与表达；续写时保持原有风格；还具备语法检查功能，按需扩写丰富细节，也可缩写提炼关键信息生成摘要，满足多样化文本处理需求。

🛠 **操作步骤**

①在浏览器中输入地址：https://yiyan.baidu.com/，进入文心一言主页，如图1-8所示。

图1-8　文心一言主页

②注册登录文心一言后，便可利用文心大模型3.5进行文本生成，比如分析《兰亭集序》的创作背景以及进行仿写，如图1-9、图1-10所示。

图1-9　文心一言《兰亭集序》创作背景分析

图1-10　文心一言《兰亭集序》仿写

☸ 任务5：通过豆包、Kimi AI或其他语言大模型，仿照《兰亭集序》的风格，写一篇关于现代聚会的文章。

1.2.2　DeepSeek智能文本生成

DeepSeek是中国杭州深度求索人工智能基础技术研究有限公司开发的开源人工智能大模型系列，DeepSeek坚持开源策略，公开模型权重和训练细节，吸引全球开发者参与生态共建，以"高性能＋低成本＋开源"颠覆传统 AI 路径，不仅提高了中国 AI 技术的全球化竞争地位，还为开发者与企业提供了普惠化工具。

🛠 操作步骤

①注册登录：在浏览器中输入 https://www.deepseek.com/，进入 DeepSeek 主页，有网页和手机两个版本，如图 1-11 所示。

图 1-11　DeepSeek 主页面

②点击开始对话，完成注册和登录，可进入对话界面，如图 1-12 所示。选择深度思考和联网搜索功能即可开始对话。深度思考依托 DeepSeek-R1-Lite 模型，模拟人类的逻辑推演过程，通过内部生成思维链，多步骤分析问题，从而得出更具逻辑性和针对性的结论。联网搜索采用 DeepSeek V3 模型，以"搜索-总结-输出"的流程为核心，实时从互联网获取最新信息，并对搜索结果进行语义理解与总结，为用户提供简洁、准确的回答。

图 1-12　DeepSeek 文本生成对话窗口

DeepSeek 也能够同上节的文心一言一样将文言文翻译为现代文，可以输入《兰亭集序》中的某一句或某一段，要求模型用现代语言解释。例如，学生可以输入：
"请将'此地有崇山峻岭，茂林修竹，又有清流激湍，映带左右'翻译成现代汉
语。"模型会生成"这里有着巍峨的高山和险峻的峰岭，茂密的树林与修长的翠竹，
还有清澈的激荡溪流，如银带般辉映环绕在左右"的解释，如图1-13所示。

图1-13　《兰亭集序》文本翻译效果图

　　DeepSeek还能够生成文章对应的练习题与扩展阅读推荐。例如输入需求："请
生成一些关于《兰亭集序》的练习题"或"请推荐一些与《兰亭集序》相关的扩展
阅读材料。"模型会生成一组练习题与扩展阅读的推荐。如图1-14、图1-15所示。

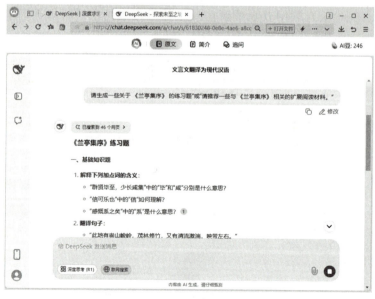

图1-14　《兰亭集序》练习题生成

图1-15 《兰亭集序》扩展阅读资料生成

⚙ 任务6：分别用DeepSeek的深度思考R1和联网搜索功能查询东晋时期的文化与文人生活，比较异同。

1.2.3 QQ/微信屏幕文字识别

无论是手机端还是电脑端的QQ，都支持图片文字识别功能，电脑端的识别和文档转换操作更方便，速度也更快。

🔧 操作步骤

①登录QQ后，任意打开一个聊天框，同时打开需要识别的图片，如图1-16所示。

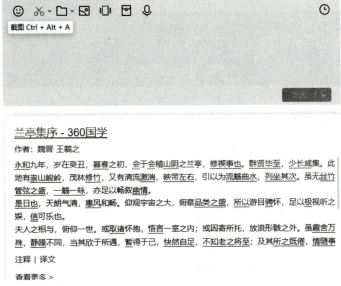

图1-16 QQ内聊天框界面

②点击聊天框的"剪刀"图标，选择【屏幕识图】，截取需要识别的内容，如图1-17所示。

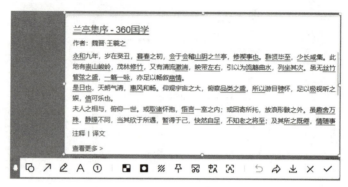

图1-17　QQ聊天框屏幕识图界面

③框选完成即可完成识别，识别的内容可编辑，编辑界面会自动定位，方便用户对照原文，检查无误后所有文字可以一键复制或转成腾讯在线文档，如图1-18所示。

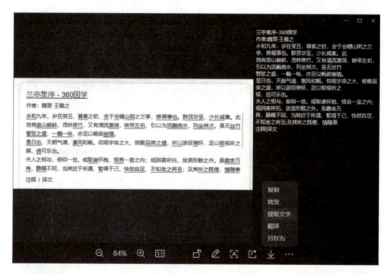

图1-18　QQ聊天框识别结果

1.2.4　手机扫描全能王识别文字

扫描全能王是一款专业的扫描软件，文字识别是其功能之一。它支持通过连拍或者批量相册上传的方式进行识别。用户可使用手机批量拍照或上传图片，完成文字识别。

🛠 操作步骤

①用手机在应用市场下载并安装扫描全能王，单击打开软件，主界面如图1-19所示；然后百度搜索并截取需要识别的《兰亭集序》文章图片，如图1-20所示。

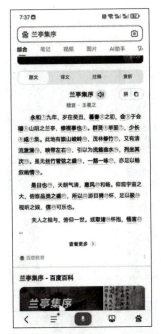

图 1-19　扫描全能王软件主页　　　图 1-20　《兰亭集序》文章截图

②根据需求在扫描全能王主界面选择拍照（单击拍照按钮）或导入图片，这里选择"导入图片"，在相册中选择截取的《兰亭集序》文章图片，可对多余部分进行剪裁；单击"√"按钮即提交至处理后台。如图 1-21 所示。

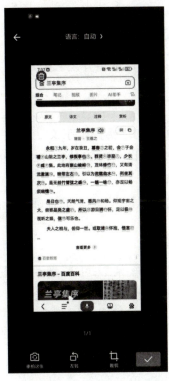

图 1-21　图片导入和处理界面

③确定后点击"提取文字"，如图1-22所示，即可获得识别的文字结果，然后可以编辑、复制、转换文档，识别结果如图1-23所示。

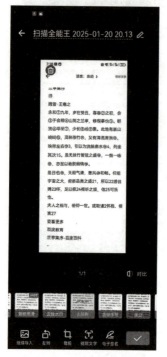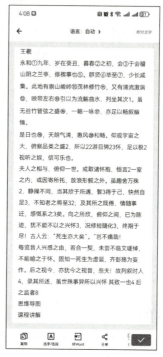

图1-22　提取文字界面　　　　图1-23　图片文字识别结果界面

1.2.5　常用文字识别软件

目前，有许多开源的OCR项目可供开发者使用，以下列举几个常用的项目：

1.EasyOCR

开发者：JaidedAI团队。

核心特点：支持超80种语言，涵盖拉丁文、中文、阿拉伯文等；基于深度学习，对印刷体和手写体都有较高识别准确性；安装简单，通过pip即可安装；使用方便，无需深入了解技术细节。

应用场景：文档数字化、数据录入、多语言翻译、内容审核等。

2.MmOcr

开发者：OpenMMLab团队。

核心特点：基于PyTorch框架，可扩展性和易用性良好；集成DETR、TextBert等多种前沿文本检测与识别模型；支持图像、视频、PDF文档等多模态输入；后处理功能丰富，提供端到端的解决方案。

应用场景：自动驾驶中交通标志和路牌文字识别、文档理解、智能监控、社交媒体分析等。

3.PaddleOCR

开发者：百度。

核心特点：基于飞桨深度学习平台，识别速度快、准确率高；支持服务器端、移动端和嵌入式设备等多种部署方式，比较轻量级；支持多种语言，提供丰富应用程序编程接口（Application Programming Interface，API），便于集成。

应用场景：文档数字化、身份证识别、车牌识别、表格识别、语音助手等。

4.Tesseract OCR

开发者：最初由 HP 公司开发，后由谷歌接手维护。

核心特点：开源免费，支持超 100 种语言，可自定义训练；自 v4 版本引入深度学习模型，识别准确性提高；提供 C++、Python、Java 等多种语言 API 接口，有命令行工具和图形用户界面（Graphical User Interface，GUI）应用。

应用场景：文档数字化、图片信息提取、历史资料识别、车牌识别、机器视觉系统等。

> ⚙ 任务 7：在 OCR 系统中，如何处理因字体、大小、颜色、背景噪声等因素导致的识别错误？

1.3　智能图片生成与图片识别

在创意无限的数字时代，图像创作与编辑已成为许多人日常生活和学习中不可或缺的一部分。使用过各类图像编辑软件的人都能深刻体会到，这些工具在图像处理和艺术创作中扮演着至关重要的角色。智能图片生成与识别技术基于深度学习、计算机视觉和自然语言处理等技术。图片生成主要依赖生成对抗网络（Generative Adversarial Networks，GAN）和扩散模型（Diffusion Models）。GAN 通过生成器和判别器的对抗学习生成逼真图像；扩散模型则通过逐步去噪生成高质量图像。结合自然语言处理（NLP），系统可根据文字描述生成符合需求的图像，如根据《兰亭集序》生成山水画。图片识别技术则基于卷积神经网络（Convolutional Neural Networks，CNN）和 Transformer 模型，CNN 用于提取图像特征并识别物体、场景等，Transformer 则通过自注意力机制处理复杂图像内容。

文心一言智慧绘图和 Kimi 的图片生成与识别技术主要基于 GAN、CNN 和 Transformer 深度学习模型。文心一言智慧绘图功能支持用户通过自然语言描述快速生成多样化风格的图像；Kimi 侧重于通过图像识别生成文字描述、思维导图或表格。

在学习《兰亭集序》时，合适的插图可以让学生更直观地理解文章内容；在教学过程中，教师可以通过智能图片生成工具生成《兰亭集序》的插图、书法作品和虚拟场景，帮助学生更直观地理解文章中的场景和意境。也可以通过智能图片识别工具（如 Kimi）识别《兰亭集序》的书法作品，并将其转换为可编辑的文本，便于研究和学习。

1.3.1　文心一言智慧绘图——文字生图

文心一言智慧绘图支持写实、卡通、艺术等多种创作风格，用户无需专业绘图技能即可实现创意可视化，你无需再花费大量时间在练习复杂的绘画技巧上，只需输入你期望的艺术风格或创作概念，即可智能生成所需的图片，为你节省大量时间和精力。无论是基础的绘画练习还是复杂的设计创作，文心一言智慧绘图都能精准高效地完成。

🔧 操作步骤

①通过访问文心一言官网 https://yiyan.baidu.com，登录或注册百度账号使用"智慧绘图"功能。界面如图1-24所示。

图1-24　文心一言智慧绘图界面

②文心一言智慧绘图为我们提供了"文字生图"的模版，点击"文案配图"，选择提供的模版图，在会话框呈现相应的图片绘制提示语，如图1-25所示。

图 1-25　文字生图模版用语

③根据文心一言智慧绘图提供的绘图模版，创作一幅《兰亭集序》主题的画作。

第一步，修改绘图模版文字描述的部分，使之符合主题。文本描述为"请根据以下文案内容绘制一张图片：'兰亭聚会，风雅魏晋'。风格是'水墨风'，画面内是'《兰亭集序》主题的画作。画面中心为兰亭聚会的场景，一群文人雅士围坐于曲水流觞之畔，或举杯畅饮，或挥毫泼墨，展现出魏晋人士自由风貌'。画面主体要突出，画面的色彩搭配和整体氛围要贴合文案所围绕的主题，画面比例是'1:1'"。如图 1-26 所示。

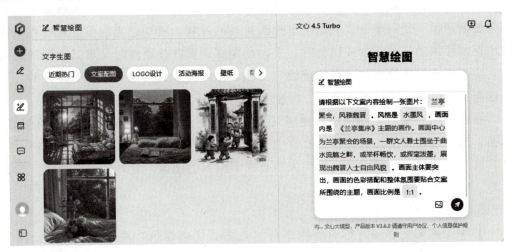

图 1-26　图片创作模版内容修改

第二步，单击"提交"按钮，平台会生成一组图片，如图 1-27 所示。

图1-27　文心一言智慧绘图生成《兰亭集序》主题图

第三步，选择满足需要的图片，单击"下载"按钮，可以保存到本地。当然，如果对图片不满意，也可以对局部进行重绘，甚至可以进一步修改描述，对整幅图片进行重绘。

> ⚙ 任务8：通过"文心一言"的"智慧绘图"功能初步生成课文《桃花源记》的插图。

1.3.2　文心一言智慧绘图——图片重绘

在图像创作领域，如何基于已有的图像灵感，快速生成既符合个人审美又富有创意的新图像，是一个令人兴奋但也充满挑战的过程。特别是当创作者希望在新图像中保留原图的某些元素或风格时，手动绘制或调整往往既耗时又难以达到理想效果。文心一言智慧绘图的"图片重绘"功能，正是为了解决这一难题而设计的，它能够帮助用户基于提供的参考图，快速生成既相似又富有新意的新图像。

前面利用"文字生图"成功地将《兰亭集序》的文字内容转化为生动的图像。然而，当发现几张图片特别符合文章中描绘的意境，但内容与文章不够契合时，可以在这几张图片的基础上进一步生成符合文章内容的图像。此时，可以使用"图片重绘"智能生图功能。

🔧 操作步骤

①登录进入文心一言智慧绘图平台，点击"风格模仿"按钮进入智能绘图界面，如图1-28所示。

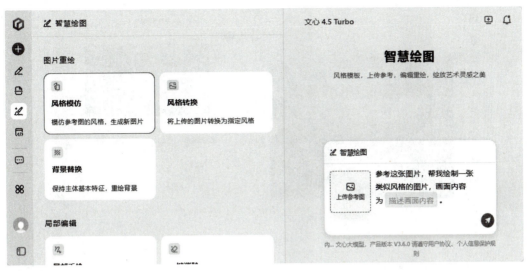

图1-28 风格模仿绘图界面

②点击右侧"上传参考图"按钮，选择前面生成的"兰亭集会"主题图片。

③按照图片内容和教学需求，在对话窗口修改文本描述，调整图片的尺寸，以适应自己的需求。如图1-29所示。

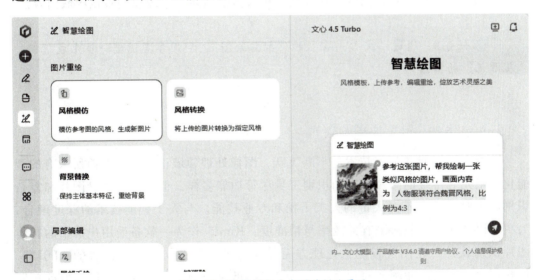

图1-29 风格模仿生成图片描述界面

④选中几张满意的图片，点击右侧"下载"按钮进行本地保存。如图1-30所示。

图1-30　风格模仿生成图片效果图

功能扩展

风格转换：将现有图像转换为指定风格，保留原图内容的同时赋予新艺术表现力。

背景替换：自动识别图像主体并替换背景，支持纯色、实景或抽象背景。

局部重绘：用户圈选图像局部区域并输入修改描述，系统仅调整该区域内容。

> ⚙ 任务9：通过"文心一言"的"智慧绘图"，利用参考图进一步生成《桃花源记》的插图。

1.3.3　Kimi AI智能图片识别

随着人工智能（AI）技术的不断飞跃，图像处理领域正步入一个前所未有的智能化新纪元。传统的图片编辑和识别工具尽管功能多样，但在面对海量图片和复杂识别需求时，仍离不开大量的人工干预和专业技能。与人工智能技术的深度融合，为图片识别注入了前所未有的效率与精准度。Kimi，作为一款备受用户推崇的智能图片识别软件，在图片智能化处理方面展现出了卓越的实力。其内置的AI引擎，依托深度学习技术和图像识别算法，不仅能够迅速识别图片内容，还能高效处理图片中的细节与特征。此外，Kimi的智能推荐功能，基于用户习惯和识别需求，为用户提供了极大的便利，让图片处理变得更加智能且个性化。

Kimi探索版是一款专为图片识别与创意激发设计的智能工具，为用户提供从图片解析到创意生成的全方位解决方案。无论是设计初学者、市场分析专家，还是创意工作者，Kimi探索版都能助您高效完成图片信息的提取与创意的激发，大幅提升工作效率和创意质量。只需上传图片，Kimi即可运用先进的AI技术，迅速解析并提取图片中的关键信息。

🛠 **操作步骤**

①Kimi是最常用的智能生成工具，可以通过官方网站下载Kimi应用，也可以通过在线登录、注册的方式使用，官网界面如图1-31所示。

图1-31　Kimi登录界面

⚙ 任务10：通过 https://kimi.moonshot.cn/注册、登录Kimi平台。

②Kimi探索版功能安装，在首页点击"Kimi＋"图标，如图1-32所示。

图1-32　Kimi首页

③在官方推荐中找到"Kimi探索版"拓展功能，点击后该功能会自动安装在页面左边侧边栏，如图1-33所示。

图1-33　安装Kimi探索版拓展功能

④运用Kimi探索版进行智能识别图片内容。如撰写一篇关于"兰渚山麓兰亭旅游攻略"的文章。现有一些关于兰亭风景的图片，希望能够快速生成文字描述，以便在文章中使用。详细步骤如下：

第一步，登录后在Kimi＋中安装Kimi探索版拓展功能，并点击打开，如图1-34所示。

图1-34　智能识别图片内容步骤

第二步，点击"回形针"按钮上传一张兰亭风景的图片。

第三步，在文本输入框中输入图片识别的要求。

第四步，点击"发送"按钮。

第五步，仔细阅读生成的文字内容之后，选择复制一些适合的内容到自己的旅游文章中，如图1-35所示。

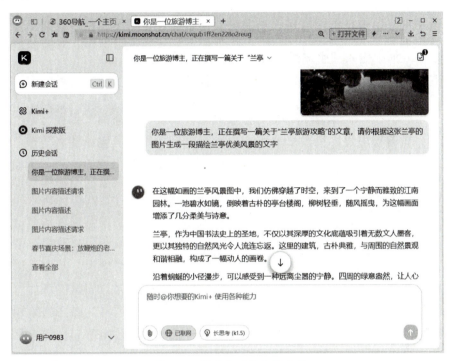

图1-35　摘选合适的文字内容

🐾 **功能拓展**

智能优化：Kimi探索版会根据图片内容提供优化建议，帮助用户完善文字描述。

多语言支持：支持多种语言的图片识别和文字描述生成，方便不同语言背景的用户使用。

批量处理：支持批量上传图片并生成文字描述，提升工作效率。

> ⚙ **任务11**：下载一张金华双龙洞景点的照片，并借助Kimi智能识别功能生成一段文字。

1.3.4　Kimi AI识别图片并生成思维导图

在信息整理与知识管理领域，将图片中的复杂信息快速转化为结构化的思维导图是一项极具挑战性的任务。传统的方式需要人工逐条梳理信息，不仅耗时费力，还容易遗漏关键内容。Kimi探索版的"智能识别"功能能够将图片中的信息快速转化为清晰的思维导图，帮助用户高效整理知识体系。

如教学中需准备关于"兰亭集序"的公开课，可借助AI技术将知识点转化为思维导图，以便在课堂上更直观地展示知识脉络，帮助学生更好地理解和记忆。

🛠 **操作步骤**

①打开Kimi探索版，点击"回形针"按钮上传两张详细知识点的图片。

②在输入框中输入"生成思维导图"的要求。

③点击下载图标，将生成的图片保存下来。如图1-36所示。

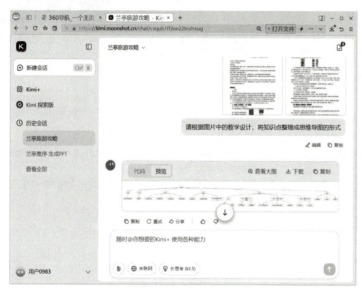

图1-36　智能识别图片内容生成思维导图

📖 **功能扩展**

智能联想：Kimi探索版会根据图片内容提供相关联想，帮助用户补充可能遗漏的信息。

多格式导出：支持将思维导图导出为PNG、XMind多种格式，方便在不同场景下使用。

> ⚙ **任务12**：通过Kimi和浙教版高中信息技术必修一的目录图片，生成该教材的知识框架。

1.3.5　Kimi AI识别图片生成表格

在数据分析与信息整理领域，将图片中的表格信息快速转化为可编辑的表格是一项常见但烦琐的任务。传统方式需要人工逐条录入数据，不仅耗时费力，还容易出错。Kimi探索版的"智能识别"功能能够将图片中的表格信息快速转化为可编辑的电子表格，极大地提高了工作效率。

🔧 操作步骤

①打开Kimi探索版。

②将数据图片上传到Kimi中。

③在文本输入框中输入了"生成表格"的命令，并点击发送按钮。

④选中所生成的表格信息，并将其复制粘贴到Word或Excel中。如图1-37所示。

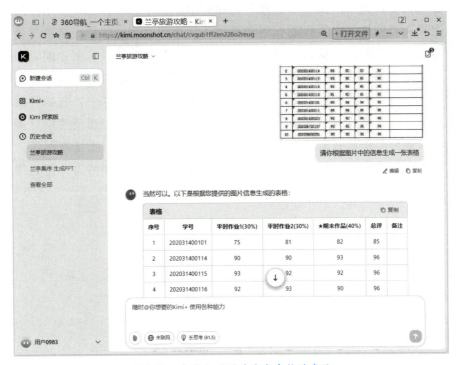

图1-37　智能识别图片生成表格的步骤

📝 功能扩展

自动校验：系统在识别过程中自动校验数据的一致性和准确性，减少人为错误。

格式兼容：支持将识别后的表格导出为多种常见的电子表格格式，如Excel、Word等，方便用户在不同的软件环境中使用和分享数据。

⚙ 任务13：按照上述步骤，利用Kimi将一张表格图片生成一份可编辑表格。

1.4　本章小结

　　本章从360 AI浏览器入手，重点介绍其阅读、追问以及导图功能。同时介绍文本、图片的智能生成与识别。通过文心一言、DeepSeek在《兰亭集序》的教学应用，了解大语言模型可以广泛应用于背景知识查询、仿写、现代语解释、文章分析与鉴赏、创作灵感激发以及个性化学习资源生成等多个场景。通过这些应用，学生可以更加高效地理解《兰亭集序》的内容，提升文言文阅读和写作能力，同时激发他们的创作灵感，增强学习的趣味性和互动性。大语言模型不仅为教师提供了丰富的教学工具，也为学生提供了个性化的学习体验。

　　文心一格不仅为用户提供了高效、便捷的图像创作与编辑工具，还拓展了图像创作的边界和可能性。它不仅能够将文字描述转化为生动的图像，帮助学生更好地理解和感受课文意境，还提供了丰富的功能扩展，如历史记录、图片编辑和图片扩展等，以满足教师的多样化需求。此外Kimi探索版利用先进的AI技术，能够迅速而准确地识别图片中的物体，大幅提升识别效率；在文字提取中，它能智能解析图片中的文字信息，将其无缝转换为可编辑文本，让用户不再为烦琐的信息提取而烦恼；而在智能分类中，它通过深度学习算法自动为图片内容打上精准标签，帮助用户快速整理和归纳图片资料。这些功能不仅节省了大量时间和精力，更为用户的创意工作提供了强有力的支持。

第 2 章　音视频资源智能生成与识别

传统上，音乐及视频的创作依赖于人类的灵感和技艺。然而，通过这种方式创作的音视频质量严重依赖于创作人的水平和灵感。近年来，人工智能技术取得了显著进展，这为 AI 音视频生成提供了坚实的技术基础。在智能生成方面，AI 可依据用户输入的关键词或场景需求，自动生成匹配的短视频脚本、背景音乐或动态视觉素材，大幅降低了创作门槛。在识别领域，AI 技术能对音视频内容进行自动化分析与标注，例如通过语音转文字提取对话内容、识别画面中的特定元素（如人脸、品牌标识），或检测素材版权的使用情况。这些技术使得计算机能够模拟人脑的创作过程，从而生成具有创新性的音乐和视频作品。AI 音视频生成与识别技术能够根据需要快速生成符合场景氛围的音乐和视频作品，提高了制作效率和作品质量。

本章将以《兰亭集序》为背景，介绍 AI 在音乐生成、音乐识别、视频生成等方面的应用。根据用户的设定，智能生成符合其需求的音乐和视频作品，提升学习的趣味性。重点介绍酷狗唱唱、讯飞绘镜的使用，具体包括：

（1）酷狗唱唱在音乐生成中的应用；
（2）利用微信摇一摇进行音乐识别；
（3）讯飞绘镜在智能视频生成中的应用；
（4）通义千问在智能视频文字识别中的应用。

2.1　智能音乐生成与音乐识别

在数字化和信息化的浪潮中，音乐作为一种古老而永恒的艺术形式，也迎来了前所未有的技术革新。智能音乐生成与音乐识别，作为现代音乐技术领域的两大核心分支，正引领着音乐创作、欣赏、分析及教育的深刻变革。

智能音乐生成的技术，简单来说就是让计算机从海量音乐中学习规律，然后创作音乐。它通过分析成千上万首音乐，学习旋律是如何起伏的、节奏是如何变化的、和弦是如何搭配的，然后用这些规律创作出新音乐。比如，有的AI会用类似人脑的方式（比如循环神经网络）记住前几个音符，预测下一个音符该是什么；有的AI会用对抗网络进行"对抗训练"，让两个系统互相较量——一个拼命编曲子，另一个负责挑毛病，直到生成的音乐听起来像真人写的。

音乐识别的任务是"听一段声音，猜出是什么歌"。原理类似于人的耳朵和大脑配合：典型应用包括利用卷积神经网络分析音频频谱图，然后提取关键特征（比如独特的节奏或声音波纹的峰值），再和数据库中海量的音乐信息快速比对。像微信里的听歌识曲功能，就是靠这种技术瞬间找到匹配的歌曲。

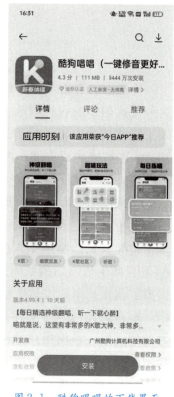

智能音乐生成与音乐识别的结合，更是开启了音乐技术的新纪元。通过这两大技术的深度融合，我们可以实现音乐创作的智能化辅助、音乐内容的智能分析与推荐，以及音乐教育的个性化定制。这一结合不仅丰富了音乐的创作手段与表现形式，也为音乐的传播与欣赏带来了前所未有的便捷与乐趣。

在《兰亭集序》的学习场景中，可以通过酷狗唱唱进行AI帮唱，将《兰亭序》中周杰伦的声音替代为用户自己的声音，提高学习的趣味性。此外，利用微信摇一摇功能可以进行音乐识别，该功能可以帮助用户快速、准确地找到该音乐的信息。

2.1.1　酷狗唱唱的安装与注册

酷狗唱唱这款App能够根据用户的嗓音和演唱习惯，智能地调整音调、节奏，甚至还能提供和声，让唱歌变得像变魔术一样神奇。其下载界面如图2-1所示。

图2-1　酷狗唱唱的下载界面

> ⚙ **任务1：**通过应用商店下载安装酷狗唱唱，并注册账户。

2.1.2　酷狗唱唱——AI音乐生成

智能音乐生成，这一技术的出现，标志着音乐创作不再局限于传统乐理和人类灵感的束缚。通过深度学习、神经网络等先进算法，计算机能够模拟甚至超越人类的音乐创作能力，自动生成风格各异、情感丰富的音乐作品。这一技术的突破，不仅极大地拓宽了音乐创作的边界，也为音乐产业注入了新的活力与可能性。从个性化的背景音乐定制，到电影、游戏配乐的高效生成，智能音乐生成正逐步渗透到我们生活的每一个角落。以下以酷狗唱唱-AI帮唱训练自己的音色为例。

🔧 **操作步骤**

①打开酷狗唱唱App后点击AI帮唱功能，如图2-2所示。

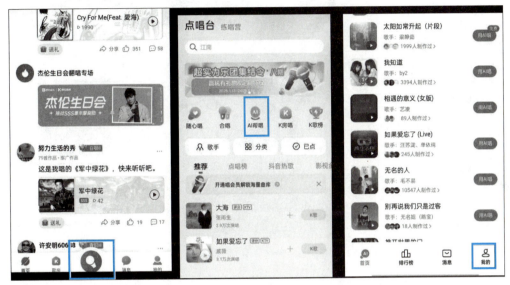

图 2-2　酷狗唱唱-AI帮唱

②点击"我的"→"音色"选项（图2-3），页面跳出了三个选项：第一个是K歌4分钟（AI模仿更精准，音色更像你）；第二个是清唱60秒（仅需清唱60秒，快速修改）；第三个是音色调节（4种音乐风格可选，进一步还原音色）。

图 2-3　酷狗唱唱-AI音色

　　以"清唱60秒"选项为例，界面首先弹出的是蔡依林的《倒带》。如果觉得该音乐难度较大，可点击"换一首"，如选择儿歌《两只老虎》进行录制。

　　③待录制完成后，在酷狗音乐搜索《兰亭序》，点击歌曲右上角的分享按钮，选择复制链接（图2-4）。

图2-4　酷狗音乐-获得链接

　　④将该歌曲的链接导入酷狗唱唱，并将周杰伦的原唱替换为AI音色（图2-5）。

图2-5　酷狗唱唱-链接导入

　　等待AI音色的替换完成。你会发现那原本跑调、走音的声音，现在竟然变得悠扬动听。

　　⚙ 任务2：尝试将《兰亭序》原声替换为自己的音色。

2.1.3　微信 AI 音乐识别

音乐识别技术，则是音乐数字化进程中的重要一环。它利用音频信号处理、特征提取及模式匹配等先进技术，能够快速准确地识别出音乐作品的名称、艺术家、流派等关键信息。这一技术的应用，不仅极大地提升了音乐搜索和版权保护的效率，也为音乐推荐、个性化播放列表生成等智能化服务提供了坚实的基础。在数字化音乐时代，音乐识别已成为连接音乐创作者、传播者与消费者之间不可或缺的桥梁。以下以微信音乐识别为例。

🛠 **操作步骤**

①播放周杰伦的《兰亭序》，打开微信，依次点击"发现"→"听一听"，启动摇一摇功能。

②随着手机的轻轻晃动，屏幕上出现了正在播放的歌曲信息（图 2-6）：《兰亭序》—周杰伦。点击详细信息，可以看到该歌曲的歌词和简介。

图 2-6　微信-摇一摇

⚙ 任务 3：利用《兰亭序》音乐片段，识别出该曲目。

2.1.4　常用 AI 音乐生成模型

随着用户需求的多样化，AI 音乐生成将更加注重个性化和定制化服务。通过分析用户的喜好和需求，AI 可以生成符合用户个性化需求的音乐作品，提升用户体验。常见 AI 音乐生成模型有：

（1）Suno：AI 音乐界的 ChatGPT。只需通过简单的文本提示就可以生成高质量的音乐作品，支持多种风格和流派，最长可达两分钟。

（2）海绵音乐：字节跳动出品，帮助用户快速创作个性化的音乐产品。

（3）音疯：AI一键成歌，用户只需输入歌词就可生成音乐；相似性生成，通过添加参考音乐生成风格相似的歌曲。

（4）网易天音：AI智能快速编曲；一键DEMO；虚拟歌姬；AI作词与作曲。

2.2　讯飞绘镜智能视频生成

可以将智能视频生成的技术原理想象成让电脑学会联想画面的能力。首先，通过分析海量视频，学会人和物怎么动、光影怎么变化、场景怎么衔接；然后，根据文字或者图片描述，预测接下来的画面应该是什么样。比如，你想生成一段"猫咪玩毛毛球"的视频，AI会先理解"猫咪""毛球""玩耍动作"这些元素，接着一帧一帧地画出猫咪伸爪、毛球滚动、尾巴摇晃的连贯动作，还要确保爪子不会突然变形、背景不会胡乱闪烁。

在当今这个视觉信息爆炸的时代，视频已成为人们传递信息、表达创意和讲述故事的重要方式。无论是企业宣传、教育培训还是个人娱乐，视频制作的需求日益增长。然而，传统的视频制作流程往往复杂烦琐，需要专业的设备、软件和技术人员，对于许多非专业人士来说，制作一部高质量的视频似乎是一项遥不可及的任务。幸运的是，随着人工智能（AI）技术的飞速发展，视频创作领域迎来了前所未有的变革。

讯飞绘镜，作为一款集成了先进AI技术的智能视频创作平台，正以其强大的功能和便捷的操作，为视频制作带来了全新的智能化解决方案。它能够帮助用户轻松跨越技术门槛，快速实现从创意构思到成品输出的全过程，让视频创作变得简单、高效且富有创意。

本节将介绍如何利用讯飞绘镜进行视频生成。

2.2.1　讯飞绘镜的安装与注册

用户通过其官方网站可下载并安装此应用。下载界面如图2-7所示。

图2-7　讯飞绘镜下载界面

> ⚙ 任务4：通过https：//typemovie.art/下载安装讯飞绘镜，并注册账户。

2.2.2　讯飞绘镜创作视频脚本

讯飞绘镜视频创作助手的核心优势在于其强大的AI功能。用户只需输入主题或创意关键词，AI系统便能迅速理解需求，并生成结构清晰、内容丰富的视频脚本。同时，讯飞绘镜还支持一键优化脚本，通过精准的语病修正和智能润色，使脚本更加专业、精练且富有吸引力。

🔧 操作步骤

①在首页点击"完整视频创作"，进入创作脚本界面，如图2-8所示。

图2-8　讯飞绘镜创作视频脚本界面

②打开讯飞绘镜平台，启动软件，在首页点击"完整视频创作"，开始创作脚本，在选项中选择"我有创意"，并输入相关关键词："科技产品宣传视频，包括产品介绍、功能亮点、市场优势以及用户反馈"。如图2-9所示。

讯飞绘镜根据关键词快速生成了两份视频脚本的初稿，根据实际情况选择了第一个，其内容如下：

> \>\>\>背景设置：
> *年代：2023年
> *地点：现代都市，科技公司总部及市区
> *人物：
> 1.李明（主角）：30岁，科技公司产品经理，短发，戴眼镜，穿着简约时尚。
> 2.王晓（配角）：28岁，科技公司市场部经理，长发，笑容亲切，穿着职业。

3. 张伟（配角）：35岁，科技公司忠实用户，平头，面容朴实，穿着休闲。

>>>核心情节：

李明作为科技公司产品经理，负责一款新科技产品的推广。通过展示产品的功能亮点和市场优势，最终获得用户张伟的认可和积极反馈。

>>>视频场景：

*场景1：

室内.科技公司总部 -白天

李明站在公司大厅，背景是巨大的产品展示屏。

李明（自信地）：大家好，我是李明，今天给大家介绍我们公司最新研发的科技产品——智能助手X1。

*场景2：

室内.产品展示室 -白天

李明手持智能助手X1，向王晓展示其功能。

李明（操作产品）：看，X1不仅能语音控制家电，还能实时监测健康数据。

王晓（惊讶）：真是太智能了！

*场景3：

室外.市区街头 -白天

李明和王晓在街头进行市场调研，向路人展示产品。

路人甲（好奇）：这个产品真的能帮我节省时间吗？

李明（微笑）：当然，X1的智能规划功能能帮你高效管理日常事务。

*场景4：

室内.用户张伟家中 -傍晚

△张伟正在使用智能助手X1，脸上露出满意的笑容。

张伟（对着镜头）：自从用了X1，我的生活方便了很多，真是科技改变生活！

*场景5：

室内.科技公司会议室 -夜晚

△李明和王晓观看用户反馈视频，脸上露出欣慰的表情。

李明（感慨）：看来我们的努力没有白费，X1真的得到了用户的认可。

王晓（点头）：接下来我们要继续努力，让更多人享受到科技带来的便利。

*场景6：

室外.市区夜景 -夜晚

△镜头拉远，展示繁华都市夜景，科技公司大楼灯光闪烁。

旁白（温暖的声音）：智能助手X1，让科技融入生活，点亮未来。

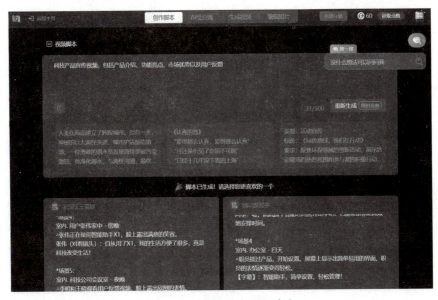

图2-9　关键词生成视频脚本

📑 功能扩展

添加参考资料：用户如果有生成视频的背景、角色、风格、环境等的要求，可以添加进参考资料，讯飞绘镜会根据资料生成符合的脚本。

脚本精修：无论是文字内容、对话设计还是情节安排，讯飞绘镜都能提供智能化的建议和修改建议，使脚本更加流畅、生动和吸引人。

智能搜索捕捉灵感：通过输入问题，讯飞绘镜可以智能搜索和分析并推荐相关的资料，为用户提供丰富的创作素材和灵感来源。

选择比例和画风：用户可以在确定脚本之后对比例和画风进行选择。讯飞绘镜拥有的比例和画风众多，能够符合用户多样化的需求。

> ⚙ 任务5：利用讯飞绘镜的脚本创作功能为某校制作宣传视频脚本，内容可随意发挥。

2.2.3　讯飞绘镜绘制分镜头

除了脚本生成，讯飞绘镜还具备智能生成分镜和视频的功能。它能够根据用户上传的素材和脚本内容，自动生成与脚本高度匹配的分镜头视频内容。这一功能不仅大幅提升了视频创作效率，更确保了视频作品的质量与创意表达。

🔧 操作步骤

①打开讯飞绘镜软件，选择"AI视频创作"，选择"我有脚本"，如图2-10所示。

图 2-10　导入脚本界面

②将脚本通过文档或者直接输入的形式导入进去后，选择合适的比例和画风，进入 AI 绘分镜界面，等待分镜头的绘制，绘制结束后的界面如图 2-11 所示。

图 2-11　AI 绘分镜界面

功能扩展

分镜头精修：用户可以对角色的表情、动作进行细致调整，确保每个角色的表演更加自然和符合场景需求；可以添加或修改背景元素，使画面更加丰富和真实；可以从不同视角展示场景，增强视觉效果和叙事连贯性。

分镜头删除和位置移动：允许用户轻松移除不需要的镜头，保持分镜头的简洁和高效。同时，位置移动功能则让用户能够自由调整镜头的顺序，通过简单的拖拽操作，就可以将某个镜头提前或延后，从而优化整个视频的叙事流程。

分镜头添加：用户可以根据需要随时添加新的分镜头。无论是补充产品的新功能展示，还是增加用户使用场景的多样性，都能轻松实现。

> ⚙ **任务 6**：利用讯飞绘镜的分镜头绘制功能，根据任务 5 中的视频脚本绘制宣传视频的分镜头草图。

2.2.4　讯飞绘镜生成视频

讯飞绘镜还有众多视频生成模型的选择，帮助用户快速调整视频的视觉效果和氛围，以满足不同场景和受众的需求。

🛠 **操作步骤**

①拿到分镜头草图后，打开讯飞绘镜软件，进入"生成视频"界面，如图 2-12 所示。

图 2-12　生成视频界面

②在界面右侧选择使用的模型，再调整视频效果，选择动作幅度，最后点击生成视频，如图 2-13 所示，根据需求将四个分镜头都转变为视频。

图 2-13　AI视频生成界面

功能扩展

AI对口型：它能够根据视频中的人物语音自动匹配相应的口型动画。用户只需上传角色的面部图像和对应的语音文件，AI系统会自动分析语音的韵律和节奏，生成精确的口型变化动画，使角色的口型与语音完美同步。

对比模式：它允许用户在同一界面中并排展示两个或多个视频版本，方便进行直观地对比和分析。用户可以轻松切换查看不同版本的视频，快速发现差异，从而做出更明智的编辑决策。

> ⚙ 任务7：利用讯飞绘镜的智能视频生成功能，根据任务6中的分镜头草图为宣传视频生成分镜头视频。

2.2.5　讯飞绘镜编辑短片

完成视频生成后，可以直接在讯飞绘镜中进行视频剪辑。此外，讯飞绘镜可以让用户自己上传素材，统一选择适合的字幕样式、旁白风格以及背景音乐，为视频增添更多元化的表达元素。

操作步骤

①在生成视频之后，选择"编辑短片"，进入编辑界面，如图2-14所示。

图 2-14 编辑短片界面

②在界面下方的时间轴上调整生成的视频，在右侧的工具栏中加入视频的字幕、旁白和音乐，如图2-15所示。

图 2-15 视频优化界面

功能扩展

多轨编辑：支持多轨编辑，用户可以在不同的轨道上添加视频、音频和字幕，方便进行复杂的编辑操作。

实时预览：在编辑过程中，用户可以实时预览视频效果，及时发现并调整问题，确保最终视频的质量。

> ⚙ 任务8：利用讯飞绘镜的编辑短片功能，根据任务7中的分镜头视频对宣传视频进行优化处理，最后导出一份完整的宣传视频。

2.3　通义千问智能视频文字识别

可以将智能视频文字识别的技术原理想象成人盯着屏幕，一帧一帧地查看画面，把藏在视频里的文字识别出来。比如你看电影时飘过的弹幕、街拍视频里晃过的店铺招牌等。具体来说，首先通过图像识别找到文字的位置（比如用算法在飞驰的汽车广告牌上框出文字）；然后，再利用类似手机拍照翻译的技术，把图像里的笔画转化为可编辑的文字。

通义千问，作为智能视频文字识别领域的佼佼者，展现了非凡的潜力。它融合尖端AI技术、图像识别与自然语言处理能力，不仅高效识别视频文字内容，还能轻松应对复杂格式与编辑挑战。通义千问的智能视频文字识别技术依托多模态AI技术与计算机视觉算法，深度融合深度学习框架及自然语言处理模型，实现了对视频中动态文本的精准捕捉与语义解析。

本节将深入解析通义千问在视频数据处理中的多元应用实例。通过视频文字识别、视频翻译、视频大纲生成等具体案例，我们将展示如何利用这些强大功能实现对视频数据的阅读，从而在节省时间的同时，大幅提升数据处理质量与吸引力。通过本节学习，你将能够：

（1）学会如何利用通义千问构建全链路智能化的视频数据处理流程，从视频导入至文字识别。

（2）掌握如何使用通义千问识别并翻译英文或者其他语言的视频。

（3）熟练运用通义千问列举视频大纲以便快速浏览视频内容。

（4）探索智能视频文字识别在实际应用中的多样场景，并制定针对特定问题的创新解决方案，充分发挥AI技术在实践中的最大效能。

2.3.1　通义千问的注册

通义千问的注册过程简单快捷，通过百度等搜索引擎直接搜索通义千问，即可进入注册页面，点击左下角的"立即登录"按钮完成注册，如图2-16所示。

图 2-16　通义千问登录注册界面

> 🔧 任务 9：通过 https://tongyi.aliyun.com/，进入通义千问登录注册页面，并注册账户。

2.3.2　通义千问对中文视频文字的识别

无论是视频制作新手还是资深的专业人士，都能借助通义千问轻松完成对视频文字的识别与处理，显著提高工作流程的效率和质量。

✕ 操作步骤

①打开通义千问的网站，选择左侧一栏的"效率"工具，点击"音视频速读"，如图 2-17 所示。

图 2-17　音视频速读界面

②导入需要识别的视频，根据视频内容选择视频的语言、是否需要翻译和发言人，如图2-18所示。

图2-18 音视频识别选择界面

③点击确认开始识别视频，识别完成后点击最近记录中上传的视频名称，如图2-19所示。

图2-19 识别界面

④进入识别完成后的界面如图2-20所示，左上方是识别的视频，下方是识别出来的文字，当播放视频时，相应的文字也会显示。

图 2-20　查看识别界面

📑 **功能扩展**

发言人区分：通过先进的 AI 技术，能够自动识别并区分视频中的不同发言人，为视频内容的进一步处理和分析提供便利。这一功能在会议记录、访谈节目、教学视频等多种场景中具有广泛的应用价值。

视频相关操作：通义千问可以在识别出来的视频上进行一些基本的操作，比如快进、倍速、添加字幕等，方便用户进行视频和文字的核对。

文字相关操作：对识别出来的文字能够进行查找、替换、搜索、筛选、摘取、改写等操作，满足用户对文字的整理和修改需求，提高效率。

> ⚙ 任务 10：从网上找一个中文视频，使用通义千问，将视频的文字识别出来。

2.3.3　通义千问对英文视频的识别和翻译

除了中文的视频，通义千问还能迅速识别其他语言的文字内容。无论英文还是其他语言的视频，无论是教育视频、企业宣传视频还是影视作品，通义千问都能轻松应对，为用户提供清晰、准确的文字输出。

✂ **操作步骤**

①进入音视频速读界面，点击"音视频速读"，将英文视频导入网页中，音视频语言选择"英语"，翻译选择"中文"，如图 2-21 所示。

图 2-21　音视频识别选择界面

②点击确认开始识别视频，识别完成后点击最近记录中上传的视频名称，进入识别完成后的界面如图 2-22 所示。

图 2-22　查看识别界面

功能扩展

多种视频语言选择：通义千问能够识别英文、日语等语种的视频，并翻译成中文，这对于非语言专业的用户来说非常实用，一方面降低了出错率，另一方面减少了翻译消耗的时间和精力。

识别文字的语言显示：识别出来的文字可以纯译文显示，也可以双语显示，方便用户核对识别的文字和翻译的文字正确与否，能够及时纠正错误。

> **任务11**：在网上找一个外语视频，使用通义千问，将视频的文字翻译出来。

2.3.4 通义千问视频导读、脑图的生成和笔记的使用

通义千问能够自动生成视频的大纲，帮助用户快速浏览和理解视频内容。这一功能对于内容创作者和分析师来说极为实用，可以快速提取视频的关键信息，生成结构化的概要，节省时间和精力。无论是进行内容审核、编辑，还是进一步地分析，视频大纲都能提供清晰的指引。

🛠 **操作步骤**

①打开通义千问网页，导入培训视频，在视频识别文字完成后，进入识别之后的界面，右侧有导读、脑图、笔记三个功能，如图2-23所示。

②点击"导读"会出现视频的关键词、全文概要、章节速览、发言总结、要点回顾等内容；点击"脑图"会出现视频的思维导图；点击"笔记"能够随时记录要点。

③点击右上角"导出"可以将导读和脑图都导出至本地。

图2-23 导读、脑图、笔记界面

✍ **功能扩展**

视频截屏并插入笔记：用户可以根据自己的需求，截取视频中的图片，插入到笔记中，方便重点的摘取和记录，提高用户的学习效率。

分享功能：用户可以将生成的导读、脑图和笔记分享给其他同事或同学，方便团队协作和学习交流。

多设备同步：通义千问支持多设备同步，员工可以在电脑、平板或手机上查看和编辑笔记，随时随地学习。

> ⚙ 任务12：在网上找一个中文视频，使用通义千问，将视频的文字识别出来，并将该视频的导读和脑图导出。

2.4　本章小结

本章聚焦AI技术在音视频创作与识别中的革新应用，通过酷狗唱唱、微信摇一摇、讯飞绘镜和通义千问等工具，展现智能化解决方案如何赋能艺术创作与教学实践。在《兰亭集序》的学习场景中，AI技术将传统文本转化为多模态互动体验：酷狗唱唱的AI音色训练功能，通过清唱训练生成用户专属声线，实现经典曲目的个性化翻唱；微信摇一摇借助音频指纹技术，秒级识别音乐片段，为艺术鉴赏提供即时知识支持。讯飞绘镜作为智能视频创作平台，通过AI脚本生成、自动分镜设计和多风格渲染模型，将文字创意转化为专业视频。用户输入主题关键词即可获得结构化脚本，结合智能分镜与素材库，快速生成契合意境的视觉作品，使文学意境实现从文字到动态影像的跨越。通义千问可以精准提取视频中的文字，自动生成中英双语字幕、结构化大纲及思维导图，为深度解析文学作品构建数字化知识图谱。

这些工具共同构建"创意输入-智能生成-多维输出"的创新链路：教师可运用AI生成的音乐改编、可视化视频辅助教学设计；学生通过参与音色克隆、视频编辑等实践，在技术互动中深化对经典的理解。AI技术以低门槛、高效率的特性，打破专业创作壁垒，推动艺术表达从技术依赖转向创意驱动，为文化传承与创新教育开辟新路径。

第 3 章　WPS智能辅助办公

近年来，人工智能技术快速发展，在数据和文字处理领域展现出了巨大的潜力。WPS作为一款功能强大的综合型办公软件，内置了"AI数据助手"和"AI写作助手"。AI数据助手是一款高效便捷的智能工具，使用AI数据助手，无需再手动编写复杂的公式，只需输入期望的结果，即可自动生成所需的公式，节省大量时间和精力。无论是基础运算还是复杂的数据计算，AI数据助手都能精准高效地完成。该功能能够显著简化数据分析、对比和统计的操作流程，大幅提升工作效率。AI写作助手提供了精准的语病修正和智能润色功能，在保留原文核心思想的同时，优化语言表达，使文稿更加专业、精练且富有说服力。为了满足不同场景和受众的需求，WPS AI写作助手支持一键切换文章风格，帮助你迅速调整内容的语气和基调。

本章将通过实际销售案例的数据分析、处理与预测，以及教学过程的内容续写和教学大纲生成等教育应用场景，主要介绍WPS AI的多功能应用，具体包括：

（1）WPS AI在Excel和Word文档处理方面的应用；

（2）实际销售场景中的数据处理、分析和预测；

（3）教学过程中内容续写和教学大纲生成。

3.1　WPS Excel智能数据处理

在数据驱动决策的数字化浪潮中，Excel作为传统电子表格工具，通过集成人工智能技术实现了从"数据记录"到"智能分析"的跨越式升级。基于机器学习、自然语言处理和自动化流程优化技术，现代Excel能够自动识别数据模式、生成预测模型，并通过自然语言指令完成复杂操作。例如，用户输入"分析XXXX年销售额趋势"即可触发AI引擎自动清洗数据、构建时间序列模型并生成可视化图表。

WPS AI数据助手通过自然语言指令实现数据清洗、智能分析及可视化图表生成，专为中文场景优化，可一键处理财务报表、政务填报等任务，大幅提升办公效率。

本节将介绍如何利用WPS AI数据助手在Excel中实现智能化的数据处理操作。通过实际案例，你将学习如何自动完成数据校验与格式化，快速进行数据添加与分析，以及借助AI技术实现便利的统计操作。这不仅是一种学习工具，也是体验智能技术应用的绝佳机会。通过本节的学习，能够掌握如何利用WPS AI数据助手构建智能化操作流程；熟悉基于AI功能的自动数据校验与格式化；学会快速完成复杂的数据分析任务，例如数据对比和统计；探索人工智能在实际场景中的应用实例，并制定解决特定问题的方案。

3.1.1 WPS AI安装与注册

WPS是最常用的办公工具，本节重点介绍WPS AI的使用。可以通过官方网站下载WPS AI，下载界面如图3-1所示。

图3-1　WPS AI下载界面

⚙ 任务1：下载安装WPS AI，并注册账户。

WPS AI唤醒。使用最新版的WPS打开想要处理的Excel文件。在菜单栏中选择"WPS AI"，就可以唤醒WPS AI助手，界面如图3-2所示。

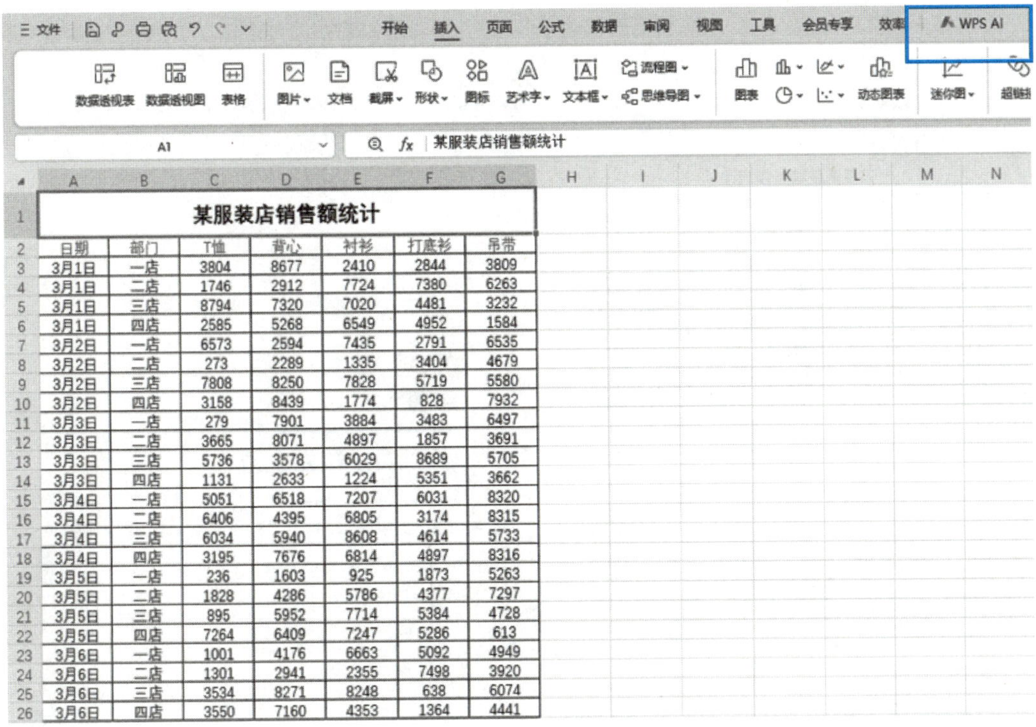

某服装店销售额统计						
日期	部门	T恤	背心	衬衫	打底衫	吊带
3月1日	一店	3804	8677	2410	2844	3809
3月1日	二店	1746	2912	7724	7380	6263
3月1日	三店	8794	7320	7020	4481	3232
3月1日	四店	2585	5268	6549	4952	1584
3月2日	一店	6573	2594	7435	2791	6535
3月2日	二店	273	2289	1335	3404	4679
3月2日	三店	7808	8250	7828	5719	5580
3月2日	四店	3158	8439	1774	828	7932
3月3日	一店	279	7901	3884	3483	6497
3月3日	二店	3665	8071	4897	1857	3691
3月3日	三店	5736	3578	6029	8689	5705
3月3日	四店	1131	2633	1224	5351	3662
3月4日	一店	5051	6518	7207	6031	8320
3月4日	二店	6406	4395	6805	3174	8315
3月4日	三店	6034	5940	8608	4614	5733
3月4日	四店	3195	7676	6814	4897	8316
3月5日	一店	236	1603	925	1873	5263
3月5日	二店	1828	4286	5786	4377	7297
3月5日	三店	895	5952	7714	5384	4728
3月5日	四店	7264	6409	7247	5286	613
3月6日	一店	1001	4176	6663	5092	4949
3月6日	二店	1301	2941	2355	7498	3920
3月6日	三店	3534	8271	8248	638	6074
3月6日	四店	3550	7160	4353	1364	4441

图 3-2 WPS AI唤醒界面

3.1.2 WPS Excel对话生成公式

WPS AI表格以自然语言交互为核心，搭载智能语义解析引擎与深度学习算法，实现了“对话即公式”的革新性突破。用户通过简洁指令即可触发系统动态解析语义逻辑，自动构建多维数据分析模型，将抽象需求精准映射至复杂函数逻辑，并在毫秒级响应中动态生成专业级公式架构，同步以可视化链路呈现计算逻辑，彻底颠覆传统电子表格的操作范式，重塑智能化数据处理新维度。

操作步骤

①使用WPS打开销售额统计表，并唤醒WPS AI。如图3-3所示，在下拉菜单中选择“AI写公式”。

②在弹出的对话框中输入自然语言描述：“帮我计算一下背心的销售总量”。

③WPS AI数据助手会立即生成了以下公式：SUM（D3:D26），其中SUM是一个求和函数，参数D3:D26指定了求和的范围，即“背心”列。将公式应用到表格后，迅速得到了结果：133259。

图 3-3　对话生成公式步骤

⚙ 任务2：通过AI写公式功能实现3月4日一店的销售总量计算。

3.1.3　WPS Excel设置条件格式

WPS AI表格基于深度语义分析与动态规则引擎，打造了自然语言驱动的智能条件格式范式。用户通过自然语言指令触发系统对数据语义、逻辑关联及可视化需求的深度解析，自动构建多维度条件规则架构，同步生成梯度色阶、动态图标集等多模态格式方案，并自适应优化阈值参数与视觉呈现效果，实现"所想即所得"的零门槛精准格式控制，重新定义数据可视化或计算的智能边界。

🔧 操作步骤

①使用WPS打开销售额统计表，并唤醒WPS AI。如图3-4所示，在下拉菜单中选择"AI条件格式"。

②在弹出的对话框中输入自然语言描述："将衬衫销售数量排名前10的单元格标记为黄色"。

③WPS AI数据助手会立即进行标记，区域E3:E26指定了搜索的范围，即筛选出商品名称为"衬衫"的记录，按照销售数量从高到低排序，取前10条记录，并对满足条件的单元格应用黄色填充颜色。按照提示应用规则后，表格中符合条件的单元格立即被标记为黄色。不仅快速完成了筛选和标记任务，还通过AI的解释学会了条件格式的应用方法。

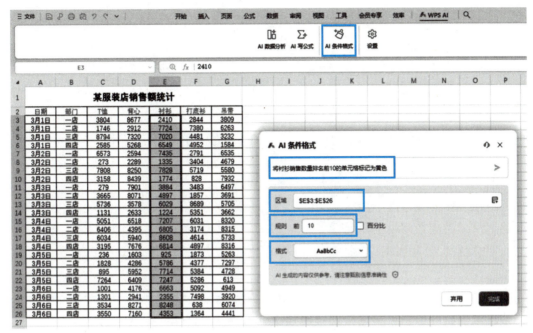

图3-4　对话设置条件格式步骤

⚙ **任务3**：通过AI条件格式实现对销售数量大于2000的单元格筛选。

3.1.4　WPS Excel数据分析及预测

WPS AI数据助手能够根据用户的指令自动抽取数据特征、构建动态分析模型，并生成交互式可视化数据分析结果和预测曲线，同步标注置信区间与关键影响因素，以毫秒级响应完成从需求描述到决策支撑的端到端闭环，赋能企业级数据驱动的业务增长范式。

🔧 操作步骤

①使用WPS打开销售额统计表，并唤醒WPS AI。如图3-5所示，在下拉菜单中选择"AI数据分析"。

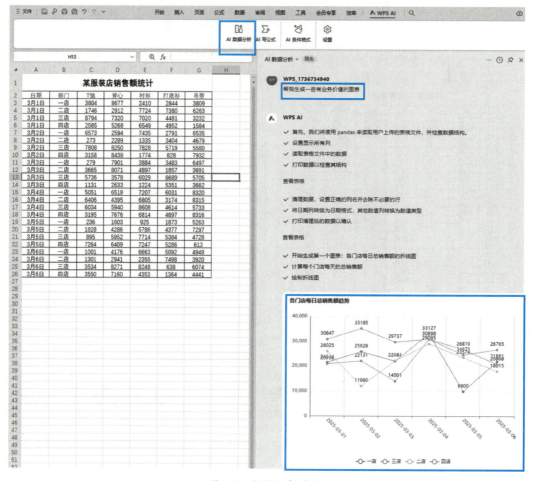

图3-5 数据分析过程

②在弹出的对话框中输入自然语言描述："帮我生成一些有业务价值的图表"。

③WPS AI数据助手立即画出各个门店每日总销售额的折线图。在该过程中，AI首先读取表格文件并检查数据结构，通过设置正确的列名、去除多余行、将日期转换为日期格式以及将数值列转换为数值类型来清理数据。随后，AI计算每个门店每天的总销售额，并通过绘制折线图直观地展示销售趋势。

④在对话框中输入自然语言描述："帮我预测3月7日，部门为一店的所有商品的销售情况。"如图3-6所示，AI数据助手基于历史数据和趋势分析，提供了预测结果：T恤2824件、背心5245件、衬衫4754件、打底衫3686件以及吊带5896件。

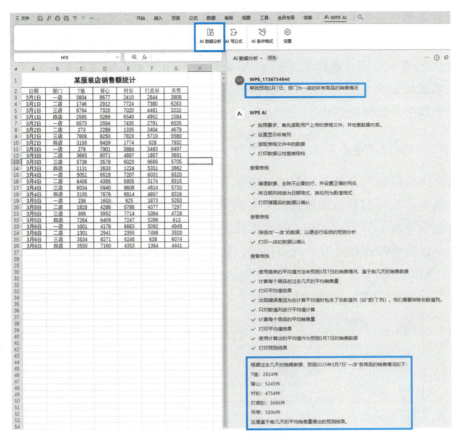

图 3-6 数据预测过程

> ⚙ 任务4：通过AI数据分析各个班的成绩分布状况。

3.2 WPS文档智能办公

在人工智能与办公场景深度融合的智能化时代，传统文档工具正经历从"功能执行"到"认知协同"的跃迁。WPS AI智能办公套件基于多模态技术融合架构（涵盖自然语言处理、生成式AI模型及深度学习框架），突破工具属性边界，实现语义理解、内容生成与流程优化的三维联动，构建"需求即响应"的智能交互生态，为教育、政务、企业等领域提供全链式数字化生产力解决方案。

在智能化浪潮席卷各行各业的今天，办公文档的处理方式正经历着从手工到智能的全新变革。WPS AI作为智能办公的先锋，通过内容生成、内容续写和智能模板等功能，将技术与实际需求深度融合，为用户提供了高效、便捷的解决方案。

WPS AI智能办公套件依托自然语言交互与生成式AI技术，深度融合教育场景需求，实现教学大纲智能生成、古典诗词风格化续写及跨学科教案模板定制三大核心功能。通过语义解析引擎与行业知识图谱，用户可一键生成结构化的《兰亭集序》教学框架，完成《水调歌头》的AI韵律续写，并动态输出高中英语等学科的专业教案模板，系统性验证AI技术在内容创作、文化传承与教育协同中的增效价值，重塑数字化教学新范式。

3.2.1　WPS AI内容生成教学大纲

教学大纲的编写是教育工作者日常工作中不可或缺的一部分。然而，面对繁多的教学内容，教师们常常需要耗费大量时间和精力来梳理课程脉络、明确教学目标并设计教学流程。WPS AI的"内容生成"功能，能够帮助用户快速起草初步教学大纲，并提供可修改和完善的内容框架，让教学准备变得轻松高效。

🛠 **操作步骤**

①打开WPS文档，启动AI写作助手，如图3-7所示。

图3-7　启动AI写作助手

②在选项中选择"文章大纲"作为创作方向，并输入相关关键词：《兰亭集序》的教学大纲，如图3-8所示。

图3-8　开启WPS AI的文章大纲功能

③WPS AI根据关键词快速生成了一份教学大纲的初稿，如图3-9所示。

图3-9 WPS AI的教学大纲生成

⚙ 任务1：通过WPS AI的AI写作生成教案。

3.2.2 WPS AI续写古诗内容

内容续写是创作者常遇到的需求，尤其是在文艺创作、文章补充或灵感拓展时。无论是文学创作的情感延续，还是文章脉络的逻辑补充，续写都是提升作品完整性和表达力的重要环节。然而，对于很多人来说，续写可能因为灵感不足或思路受限而变得困难。WPS AI的"内容续写"功能正是为此而生，可以基于已有素材自动生成连贯且精彩的续写内容，为创作者提供启发与支持。

🔧 操作步骤

①在WPS文档中启动AI内容续写功能，如图3-10所示，将《水调歌头》作为输入内容："明月几时有？把酒问青天。不知天上宫阙，今夕是何年。我欲乘风归去，又恐琼楼玉宇，高处不胜寒。起舞弄清影，何似在人间。转朱阁，低绮户，照无眠。不应有恨，何事长向别时圆？人有悲欢离合，月有阴晴圆缺，此事古难全。但愿人长久，千里共婵娟。"

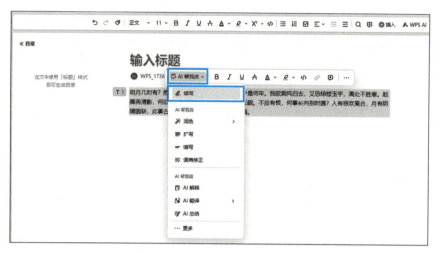

图 3-10　WPS AI的内容续写步骤

②点击"AI帮我改"→"续写"，AI在几秒钟内生成了一段与原作风格一致的续写内容，如图 3-11所示。在整个过程中，AI不仅提供了与原作风格契合的续写内容，还通过优化功能和创作建议帮助他提升作品质量。续写部分既体现了对经典的致敬，又加入了个人的情感表达，实现了传统与现代的巧妙融合。

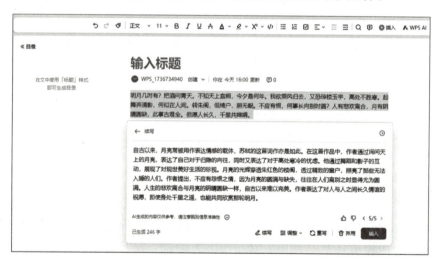

图 3-11　《水调歌头》续写

🔧　任务 2：按照古诗的结构和韵律续写《水调歌头》。

3.2.3　WPS AI生成教案模板

WPS AI提供了"教案模板"功能，通过智能化模板生成，帮助教师快速定制教学大纲、课堂活动设计等内容，大幅提升教案编写效率。

🔧 操作步骤

①打开 WPS 文档，进入"AI 模板"功能页面，选择"教育行业"，点击"教学教案大纲"选项，如图 3-12 所示。

图 3-12　AI 模板中的教学教案大纲

②根据课程需求，在模板生成界面输入以下信息：教学阶段"高中"，教学教案关键词"语文-《兰亭集序》教学教案大纲"，如图 3-13 所示。

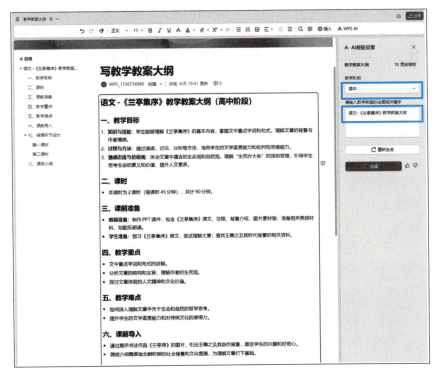

图 3-13　《兰亭集序》教学教案大纲

③AI根据输入内容快速生成了一份教学大纲，包括以下核心部分：教学目标、课时、课前准备、教学重点、教学难点、课前导入、授课环节设计和课后小结。通过WPS AI的"教案模板"功能，在短时间内完成了一份逻辑清晰、内容翔实的《兰亭集序》教学教案。这不仅节省了备课时间，还为课堂教学设计提供了创新思路。

> ⚙ 任务3：按照上述步骤，生成一份高中英语课的教案大纲。

3.3　本章小结

本章从WPS AI着手，WPS AI通过智能化技术革新了数据处理和文档编辑方式，大幅提升了办公效率和便捷性。在数据管理方面，WPS AI数据助手引入公式生成、条件筛选和数据分析等功能，使用户能够轻松处理复杂数据，降低技术门槛，实现智能化决策。在文档编辑领域，WPS AI通过内容生成、智能续写和模板定制，帮助用户高效创作各类文档，提升写作流畅度与创意支持。这些智能功能不仅优化了传统办公流程，也推动了从机械操作到智能协作的转变，为个人和团队带来全新的工作体验。

本章重点探讨了WPS AI数据助手和写作助手的多项核心功能，涵盖Excel中的公式生成和数据分析功能，以及Word中的教案生成和内容续写等功能。这些功能在简化操作的同时，也降低了技术门槛，让每位用户都能轻松上手。

第 4 章　教案与课件智能生成

近年来，随着人工智能技术的快速发展，智能生成技术为教育领域带来了新的变革。通过自然语言处理、机器学习、知识图谱等技术，教案与课件的智能生成正在成为现实，这将极大提升教学效率与质量，使得老师有更多的时间侧重于教学研究。

本章将结合高中语文《兰亭集序》的教案和课件设计，介绍大语言模型讯飞星火智能体，在教案设计、PPT 制作等方面的教育应用，以提升教师的教育教学能力。具体内容包括：

（1）教案智能生成与修正；

（2）PPT 大纲的智能生成与修正；

（3）PPT 内容的智能生成与修正。

4.1　教案智能生成与修正

利用大语言模型讯飞星火的智能体，可以辅助教师进行教案设计、生成和修正，为教学工作提效赋能。

教案智能生成与修正主要基于深度学习模型、自然语言处理技术和知识图谱。使用深度学习模型可以用于理解和生成教案内容，这些模型经过庞大的课程数据集训练，可以精准提供有关各种课程主题的深入知识和语言生成，捕捉文本中的上下文关系，从而生成连贯和有逻辑的教案；自然语言处理技术用于理解用户输入的指令和要求，在一定程度上模拟人类的语言认知和生成过程，并生成符合教学要求的教案；知识图谱是一种以图形化方式呈现知识体系的数据结构，可以帮助计算机更好地理解知识之间的关联和层次关系，从而生成结构清晰、逻辑严密的教案内容。

教师在对《兰亭集序》课程进行备课时，可以使用智能体，自动生成相对应课程内容的教案。教师还可以根据学生的学习能力和课程的特殊需求，利用智能体为其定制个性化教学教案；通过智能体的辅助，教师可以针对教案内容与设计进行不断修正和完善，以达到最终生成一份完美教案的预期目标。

4.1.1　使用智能体模板生成教案

在讯飞星火平台，用户可以使用智能体模板创建智能体，并生成教案。

✕ 操作步骤

①登录讯飞星火开放平台https://xinghuo.xfyun.cn/，注册成功后，点击"开始对话"进入智能助手页面，如图4-1所示。

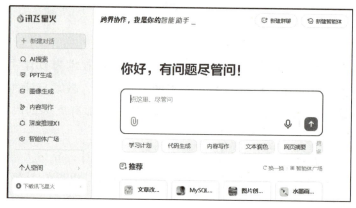

图4-1　智能体助手页面

②点击右上角"新建智能体"选项，进入智能体创建界面，如图4-2所示。

图4-2　创建智能体

③点击"创建高阶智能体"选项，此时弹出如图4-3所示的"编排创建智能体"界面，关闭该窗口后，进入智能体创作中心界面。

图 4-3 编排创建智能体

④点击"智能体模板",显示如图 4-4 所示的多个类别的模板。

图 4-4 智能体模版

⑤选择"职场"类别中的"教案助手"智能体模版,可查看当前智能体模版的详细信息,如图 4-5 所示。

图 4-5 教案助手模板

⑥如果该智能体模版的详细信息符合用户需求，接下来点击"应用此模版"即可进入模版编辑。

⑦在模版窗口中，可修改智能体名称、智能体分类、智能体简介、角色设置、目标任务、需求说明等，如图4-6所示。修改完成后，在右边的调试窗口文本框内，输入："请编写高中语文"兰亭集序"教案"，点击"发送"按钮，智能体会根据用户预设的参数实时生成相对应的教案，如图4-7所示。

图4-6　新建教案生成智能体

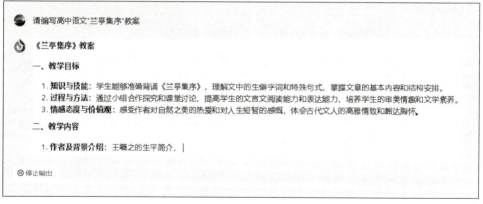

图4-7　教案生成

最后生成的教案如图4-8所示。

调试与预览

您可以在这里调试并预览当前智能体的效果

> 将进酒　　二元一次方程　　素养与怡操——美术鉴赏的意义

请编写高中语文"兰亭集序"教案

《兰亭集序》教案

一、教学目标

1. **知识与技能**：学生能够准确背诵《兰亭集序》，理解文中的生僻字词和特殊句式，掌握文章的基本内容和结构安排。
2. **过程与方法**：通过小组合作探究和课堂讨论，提高学生的文言文阅读能力和表达能力，培养学生的审美情趣和文学素养。
3. **情感态度与价值观**：感受作者对自然之美的热爱和对人生短暂的感慨，体会古代文人的高雅情致和豁达胸怀。

二、教学内容

1. **作者及背景介绍**：王羲之的生平简介，以及《兰亭集序》的创作背景。
2. **文本研读**：逐段解析课文，重点讲解文中的生僻字词、特殊句式和典故。
3. **情感分析**：探讨作者在文中表达的情感，以及对后世文化的影响。
4. **艺术特色赏析**：分析文章的语言美、意境美和哲理美。

三、教学策略

1. **情境创设**：通过多媒体展示兰亭的风景图片和古人宴饮的场景，帮助学生营造沉浸式的学习氛围。
2. **小组合作**：将学生分成若干小组，每组负责一部分内容的学习与讲解，鼓励学生之间相互交流和讨论。
3. **问题引导**：教师提出一系列问题，引导学生深入思考文章的内容、情感和艺术特色。
4. **角色扮演**：让学生模拟古代文人雅集的场景，进行角色扮演，加深对文本的理解。

四、教学资源

1. **多媒体课件**：包含兰亭风景图片、古代宴饮场景图、王羲之生平介绍等。
2. **参考书籍**：提供《兰亭集序》的多种注释版本和相关文学评论书籍供学生参考。
3. **网络资源**：推荐相关学术网站和在线课程，供学生课后进一步学习和拓展。

五、教学过程

1. **导入新课**：通过提问学生对兰亭的了解，引入《兰亭集序》的学习。
2. **作者及背景介绍**：简要介绍王羲之的生平和《兰亭集序》的创作背景。
3. **文本研读**：逐段朗读课文，重点讲解生僻字词、特殊句式和典故，引导学生理解文章内容。
4. **情感分析**：组织学生分组讨论作者在文中表达的情感，并分享自己的感悟。
5. **艺术特色赏析**：引导学生从语言美、意境美和哲理美三个方面赏析文章的艺术特色。
6. **角色扮演**：分组进行角色扮演，模拟古代文人雅集的场景，加深对文本的理解。
7. **总结提升**：总结本课学习的重点和难点，鼓励学生发表自己的见解和感受。
8. **作业布置**：背诵《兰亭集序》，并选择自己喜欢的一段进行书法创作或撰写一篇关于"自然与人生"的短文。

图 4-8　生成教案

> ⚙ 任务1：使用模版创建智能体，设计"李白《将进酒》赏析"的教案。

4.1.2　使用自定义智能体生成教案

除了直接使用系统预设好的模版，用户也可以通过自定义智能体的方式，来创建个性化智能体并生成教案。

🔧 **操作步骤**

① 进入讯飞星火智能助手页面，点击"新建智能体"选项。

② 在"编排创建智能体"菜单中（图 4-9），填写以下基本信息：

1）输入智能体名称：例如"我的备课小智"；

2）智能体头像：可从本地上传或AI自动生成一个头像；

3）智能体类型。

图4-9　编排创建智能体

③创建智能体。有以下两种方式设置智能体：

1）同款智能体创建。选择已有的同款模板，例如单击"反思生成"选项卡中"立即同款"按钮，可生成擅长文本反思的智能体，如图4-10所示。

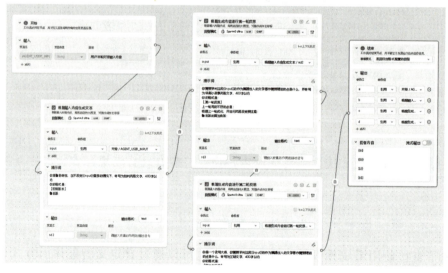

图4-10　反思生成智能体构建

通过"类流程图"的界面，用户可以清晰观察到该模版对应的智能体使用了3次大语言模型，各个大语言模型生成的内容处于递进的关系，每个大语言模型都将前面一个大语言模型输出的结果作为当前大语言模型的输入来生成新的内容。例如第 1 个大语言模型根据用户的输入，以及相应设置的提示词生成符合预期的内容，第 2 个大语言模型则根据第 1 个大语言模型的输出结果和新的提示词生成新的文本内容，以此类推。

2）自定义创建智能体。用户可以不选择系统预设的智能体模版，而直接进入编排页面进行个性化设置。本例中，选择"自定义创建"，进入编排页面功能。页面左边是功能区（选择节点），显示可以增加的节点，每一项节点表示智能体可以执行的功能。例如使用大模型，调用知识库，编写代码等。右边是编辑区，默认有开始和结束两个节点，可以通过单击左边各个节点的"＋"号，将其加入右边的编辑区。例如点击"选择节点"中大模型右边的"＋"，表示添加大模型节点作为任务的过程节点。接下来按照任务执行顺序连接节点即可，如图 4-11 所示。

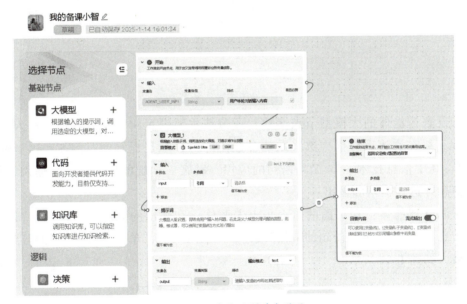

图 4-11　自定义创建智能体

4.1.3　编辑和调试智能体

智能体创建完成后，接下来可以根据自己对教案的设计需求来调试智能体，以达到更好的生成和展示效果。

🛠 操作步骤

①编辑智能体的开始节点参数：开始节点用于开启触发一个智能体，开始节点固定一个变量，变量名为 AGENT_USER_INP，变量类型为 String 数据类型，这两个参数不能修改，可以对编辑描述内容进行修改。

②编辑智能体的结束节点参数：结束节点用于输出智能体的结果。可以设置回

答模式的返回参数为"返回设定格式配置的回答"，在回答内容下方选择输入output，如图4-12所示。

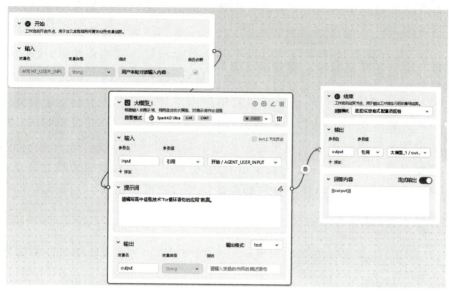

图4-12　编辑智能体节点参数

③设置智能体的大模型节点参数：该节点主要设置两个参数，一是输入参数，该参数一般在右边下拉框中选择默认参数值即可；二是提示词，例如在这里输入："请编写高中信息技术"for循环语句的应用"教案。"，智能体即可根据输入，提取关键信息并进行检索和输出。

④调试智能体：在页面的右上角点击调试，在弹出的对话框中输入："请编写高中信息技术'for循环语句的应用'教案"（图4-13），单击"发送"，即可看到对话结果，如图4-14所示。

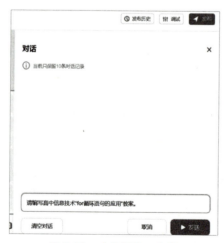

图4-13　对话框输入内容

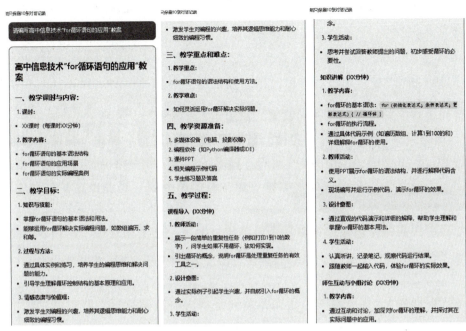

图 4-14　教案生成

🔧 任务2：使用自定义创建智能体，设计"李白《将进酒》赏析"教案

4.1.4　基于智能体的"兰亭集序"教案设计

本小节将详细介绍如何使用已建立的智能体，设计高中语文"兰亭集序"教案。

🔧 操作步骤

①设计提示词。打开智能体大模型的提示词窗口，输入为："请编写高中语文'兰亭集序'的教案。"输入过程如图 4-15 所示。点击"输出"即可实时预览输出结果，如图 4-16 所示。

图 4-15　提示词输入窗口

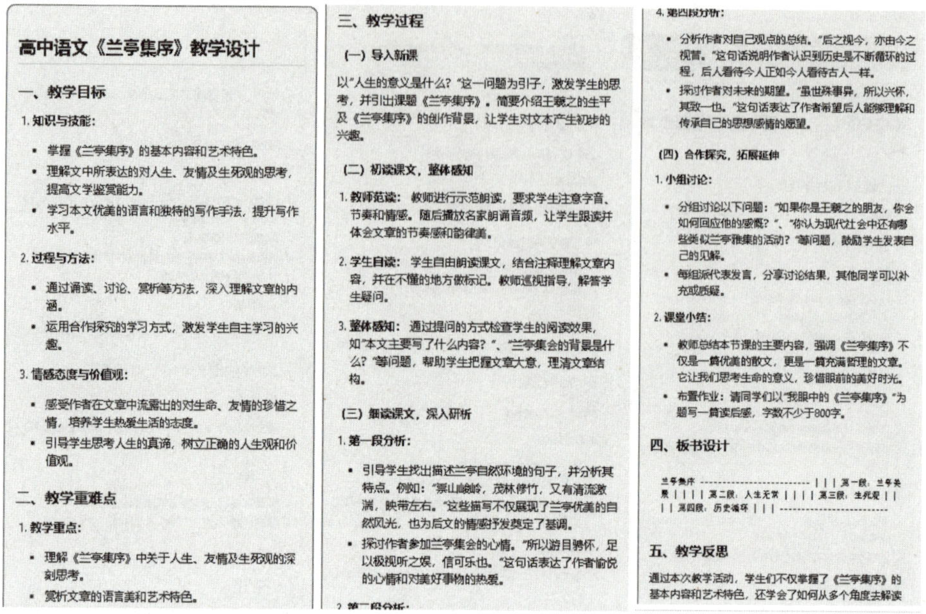

高中语文《兰亭集序》教学设计

一、教学目标

1. 知识与技能：

- 掌握《兰亭集序》的基本内容和艺术特色。
- 理解文中所表达的对人生、友情及生死观的思考，提高文学鉴赏能力。
- 学习本文优美的语言和独特的写作手法，提升写作水平。

2. 过程与方法：

- 通过诵读、讨论、赏析等方法，深入理解文章的内涵。
- 运用合作探究的学习方式，激发学生自主学习的兴趣。

3. 情感态度与价值观：

- 感受作者在文章中流露出的对生命、友情的珍惜之情，培养学生热爱生活的态度。
- 引导学生思考人生的真谛，树立正确的人生观和价值观。

二、教学重难点

1. 教学重点：

- 理解《兰亭集序》中关于人生、友情及生死观的深刻思考。
- 赏析文章的语言美和艺术特色。

三、教学过程

(一) 导入新课

以"人生的意义是什么？"这一问题为引子，激发学生的思考，并引出课题《兰亭集序》。简要介绍王羲之的生平及《兰亭集序》的创作背景，让学生对文本产生初步的兴趣。

(二) 初读课文，整体感知

1. 教师范读：教师进行示范朗读，要求学生注意字音、节奏和情感。随后播放名家朗诵音频，让学生跟读并体会文章的节奏感和韵律美。

2. 学生自读：学生自由朗读课文，结合注释理解文章内容，并在不懂的地方做标记。教师巡视指导，解答学生疑问。

3. 整体感知：通过提问的方式检查学生的阅读效果，如"本文主要写了什么内容？"、"兰亭集会的背景是什么？"等问题，帮助学生把握文章大意，理清文章结构。

(三) 细读课文，深入研析

1. 第一段分析：

- 引导学生找出描述兰亭自然环境的句子，并分析其特点。例如："崇山峻岭，茂林修竹，又有清流激湍，映带左右。"这些描写不仅展现了兰亭优美的自然风光，也为后文的情感抒发奠定了基调。
- 探讨作者参加兰亭集会的心情。"所以游目骋怀，足以极视听之娱，信可乐也。"这句话表达了作者愉悦的心情和对美好事物的热爱。

2. 第二段分析：

4. 第四段分析：

- 分析作者对自己观点的总结。"后之视今，亦由今之视昔。"这句话说明作者认识到历史是不断循环的过程，后人看待今人正如今人看待古人一样。
- 探讨作者对未来的期望。"虽世殊事异，所以兴怀，其致一也。"这句话表达了作者希望后人能够理解和传承自己的思想感情的愿望。

(四) 合作探究，拓展延伸

1. 小组讨论：

- 分组讨论以下问题："如果你是王羲之的朋友，你会如何回应他的感慨？"、"你认为现代社会中还有哪些类似兰亭雅集的活动？"等问题，鼓励学生发表自己的见解。
- 每组派代表发言，分享讨论结果，其他同学可以补充或质疑。

2. 课堂小结：

- 教师总结本节课的主要内容，强调《兰亭集序》不仅是一篇优美的散文，更是一篇充满哲理的文章。它让我们思考生命的意义，珍惜眼前的美好时光。
- 布置作业：请同学们以"我眼中的《兰亭集序》"为题写一篇读后感，字数不少于800字。

四、板书设计

兰亭集序 ------------------------ | | | 第一段：兰亭美景 | | | | 第二段：人生无常 | | | | 第三段：生死观 | | | | 第四段：历史循环 | | | ------------------------

五、教学反思

通过本次教学活动，学生们不仅掌握了《兰亭集序》的基本内容和艺术特色，还学会了如何从多个角度去解读

图4-16 高中语文“兰亭集序”教案输出

从整体上看，初始教案的总体结构符合教案设计的基本格式规范。但仔细检查，会发现仍然存在一定的不足，例如部分知识点缺乏深入的介绍，有些知识点还需要增加。故还需要进一步针对智能体的各个参数进行调整和优化，以达到教案的设计需求。因此需要对提示词进行调整。

②调整提示词。对于初始的教案，教师有以下几个方面的改进要求：希望在课程开始时，对上一节课所学内容进行复习；需要增加一些针对某些知识点进行额外拓展；需要增加与学生之间的互动性，提升学生课堂的参与感。根据以上的要求，可以调整提示词如下：

> 请帮我设计一份{{input}}教案，在设计时，需提醒流程以下3点：
>
> 1.上课前需提出多个与先前所学内容相关联的问题，作为对上节课内容的复习。
>
> 2.提供一些学习材料资源，提高学生学习的兴趣性。
>
> 3.设置课堂任务单，引导学生小组讨论完成部分内容的学习。

这里将具体教案的主题改为输入参数{{input}}，即可设计一个教案制作的通用智能体。调整后的提示词界面如图4-17所示。

图 4-17　大模型提示词界面

③输出结果。提示词和智能体的各个参数调整完成后，在调试对话窗口输入教案主题：高中语文"兰亭集序"，并单击"生成"按钮，可以得到如图 4-18 所示的输出结果。

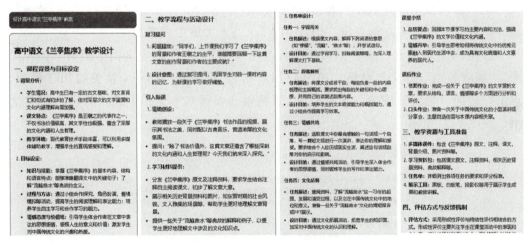

图 4-18　提示词调整后的教案输出

⚙ 任务 3：在任务 2 完成的基础上，不断调整提示词，得到"李白《将进酒》赏析"的最终教案。

4.2　课件智能生成与修正

课件设计是教师备课环节中一个重要组成部分，课件不仅是教学效率提升的工具，更是教育理念与教学创新的载体。随着人工智能的发展，利用大语言模型可以辅助教师进行课件大纲的生成与具体课件的制作。

讯飞星火认知大模型通过深度学习算法与自然语言处理技术构建智能创作框架。其核心技术体现在三个层面：语义理解，精准提取教学重难点；知识图谱关联，构建多维知识网络；智能排版引擎，运用美学算法（集成国际范设计模板库）实现图文PPT的自适应布局。

教师在制作《兰亭集序》课程的课件PPT时，可以使用讯飞星火的智能体，根据教师传入的课程教案，智能生成相对应的PPT大纲。教师可以针对智能体参数和大纲内容的不断修正，完善课件PPT大纲，并据此智能生成完善的课件PPT。

4.2.1　PPT大纲生成

PPT课件的生成主要基于相对应的课程教案大纲。用户首先要生成PPT大纲，然后在此基础上，再生成课件PPT。本节讲述如何生成PPT大纲。

有两种方式可以生成大纲，第一种是根据参考文档生成大纲。

✖ 操作步骤

①登录讯飞星火开放平台https://xinghuo.xfyun.cn/，点击"开始对话"进入智能助手页面，在页面左侧点击"PPT生成"，进入大纲生成窗口。

②在PPT生成窗口内，点击"上传参考文档"，上传内容文档（例如"微课简介""课程教案"等文本材料，如图4-19所示），在下方选择一个精美的PPT模版，点击右边的"生成"按钮（图4-20），系统就会根据参考文档生成相对应的PPT大纲，如图4-21所示。

微课简介

微课（Microlecture）是指运用信息技术，按照认知规律，呈现碎片化学习内容、过程及扩展素材的结构化数字资源。微课的核心组成内容是课堂教学视频，同时还包含与该教学主题相关的教学设计、素材课件、教学反思、练习测试及学生反馈、教师点评等辅助性教学资源。
微课的主要特点包括：
教学时间较短：微课的视频时长一般为5-8分钟，最长不宜超过10分钟。
教学内容较少：微课聚焦于某个学科知识点或教学环节，内容更加精简。
资源容量较小：微课视频及配套资源的总容量一般在几十兆左右，适合在线播放和移动学习。
资源组成情景化：微课通过视频片段统整教学设计、多媒体素材、课件、教学反思等资源，形成一个主题鲜明、结构紧凑的"主题单元资源包"。
微课的制作方法多样，包括：
数学运算、逻辑推理型：使用白纸、笔和智能手机及其支架进行录制，边书写边讲解。
屏幕录制型：使用音频采集器和屏幕录制软件（如iSpring Suite 8或Camtasia Studio）录制PPT内容。
微课的应用场景广泛，适用于多种学习方式和教学环节，能够支持学生的自主学习和教师的专业发展。

图4-19　"微课简介"文档内容

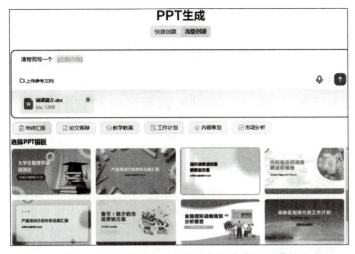

图4-20 上传文档"微课简介"生成大纲界面

图4-21 "微课简介"大纲内容

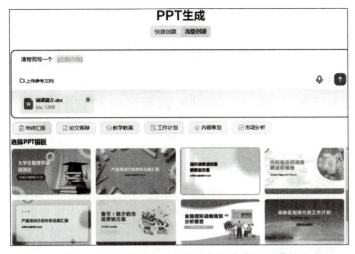 任务4：使用讯飞星火，根据已有的Word文档，生成一个PPT大纲。

另一种生成大纲的方式是输入提示词，自定义生成大纲。

🔧 **操作步骤**

①在大纲生成窗口中，输入提示词："请帮我写一个高中语文'兰亭集序'的课件"，在下方选择精美的PPT模板，例如本例中选择山水画的模版（标题为"读万卷书，行万里路主题团建活动"），如图4-22所示。

图4-22　快速创建提示词

②点击"高级创建"，在下方选择"教学教案"类别，如图4-23所示。

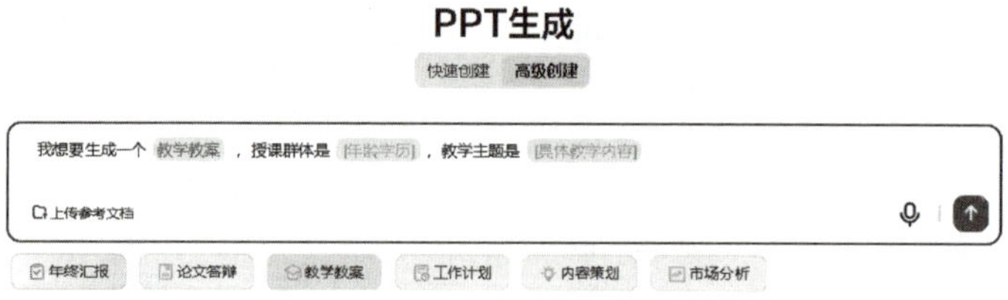

PPT生成

快速创建　**高级创建**

我想要生成一个 教学教案 ，授课群体是 [班级学历] ，教学主题是 [具体教学内容]

□ 上传参考文档

年终汇报　论文答辩　**教学教案**　工作计划　内容策划　市场分析

图4-23　高级创建

③根据提示输入相应的提示词内容（需生成课件的具体要求和细节），还可以根据教师需求选择生成的PPT页数、语种以及PPT模板，实现最大程度的个性化课件PPT，如图4-24所示。

图4-24 PPT生成高级设置中的选项设置

④点击输入框右边的箭头按钮，系统会根据用户的选择和相应的文本内容自动生成相对应的PPT大纲，如图4-25所示。

图4-25 PPT大纲自动生成

⑤在如图4-25所示的窗口中，手动修改每个章节和正文的大纲内容。在右边的文本设置窗口，可选择受众为"高中生"，确定后，点击"生成PPT"按钮，系统就会自动根据大纲生成PPT，如图4-26所示。

图4-26　"兰亭集序的文学魅力"课件

部分PPT如图4-27所示，如对生成的PPT满意，即可直接下载。

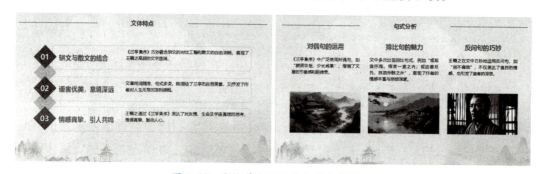

图4-27　文体特点页面和句式分析页面

> ⚙ 任务5：使用讯飞星火的输入提示词方式，生成某个主题的PPT大纲和内容。

4.2.2　PPT智能修正

为了使生成的课件PPT能够更加符合教师的设想和预期，我们可以根据现有的大纲内容，修改提示词和大纲目录，以提高PPT的质量。

✂ 操作步骤

①修改提示词

可以根据自己对于课程的设想与预期，修改提示词，如图4-28所示。

图4-28 修改提示词

可得到如图4-29所示的新的大纲。

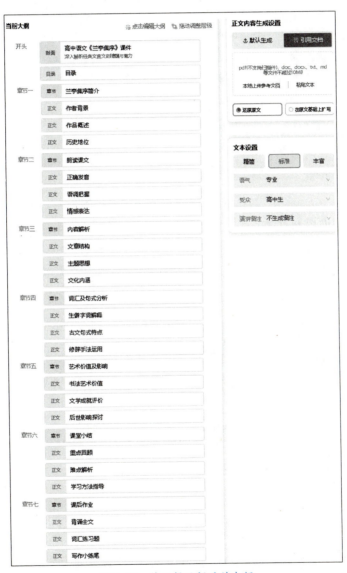

图4-29 修正提示词后的大纲

②修改大纲目录

对于生成的新的大纲，进行子目录修改，可以直接在文本标题中修改内容，也可以单击文本框标题的某一项右边的删除小图标，删除该小节目录。

例如章节一的子目录1中（图4-29），修改"作者背景"为"作者简介"，将章节二的子目录2"正确发音"修改为"分组朗读"等。删除章节六"学习方法指导"，修改章节七的最后一个子目录"写作小练笔"为"写读后感"，修改后的章节六和章节七如图4-30所示。

图4-30　修改后的章节六、章节七大纲

③设置正文内容与文本

在生成PPT前，可以对正文内容的生成进行设置，这里选择默认生成的"AI搜索生成"方式。在文本设置中，选择"标准"类型，受众选择"高中生"。如图4-31所示。

图4-31　正文生成内容设置和文本设置

修改完成后，可重新生成PPT。部分PPT如图4-32所示。

图 4-32　作品概述页面和生僻字解析页面

　　后续可根据现有生成的教案，结合自己的设计，对教案重复"修改提示词"→"修改大纲"→"重新生成PPT"的过程，从而实现符合授课教师预期与设想的PPT课件。针对某些内容，教师也可以下载PPT至本地并利用编辑软件对其进行手工的修改。

　　⚙ 任务6：对任务2完成的内容，修改提示词，并对生成的大纲进行修改，最终得到满意的PPT内容。

4.3　本章小结

　　本章详细探讨了教案与课件智能生成的过程与应用方法，主要是以大语言模型讯飞星火为例进行阐述。

　　在教案智能生成部分，通过讯飞星火平台，以高中语文课文"兰亭集序"赏析为例，介绍了如何利用大语言模型生成课程教案，动态调整生成的内容，不断提高教案的满意度。这一过程包括编辑和调试智能体，以及根据实际需求调整提示词，以得到符合教学要求的教案。同时还通过具体任务的操作，让读者能够亲身体验到智能生成教案的便捷与高效。

　　在课件智能生成部分，聚焦于PPT大纲的生成与智能修正。利用讯飞星火平台，介绍了根据预先完成的教案或自定义提示词生成PPT大纲的过程，并展示了如何根据大纲自动生成相对应的课件PPT。此外，还探讨了如何通过修改提示词和大纲目录，以及设置正文内容和文本类型，来优化生成的PPT。这些操作使得教师能够根据自己的教学需求，灵活调整课件内容，提高备课效率。

　　通过本章的学习，读者不仅能够了解到教案与课件智能生成的基本原理和操作流程，还能够掌握如何利用讯飞星火等人工智能技术工具，提升教学准备工作的效率和质量。同时，也强调了智能生成技术在教学中的辅助作用，通过AI赋能，教师可将更多精力投入教学设计创新，实现从课件制作者到课程设计师的角色跃迁，推动教学质量的进一步提升。同时鼓励教师在使用这些技术的同时，保持教学创新和专业判断力，以确保教学质量和效果。

未来，随着人工智能技术的不断发展，教案与课件智能生成领域将迎来更多的创新和突破。期待更多的教师能够积极拥抱这些新技术，将其融入日常教学中，共同推动教育事业的进步与发展。

第 5 章　教学过程智能辅助

随着人工智能技术的飞速发展，教育领域正迎来一场深刻的变革。传统的教学模式往往依赖于教师的经验和直觉，难以全面满足学生的个性化需求。而智能辅助技术的引入，为教学过程提供了全新的可能性。通过数据分析、机器学习、自然语言处理等技术，教学过程智能辅助系统能够为教师和学生提供实时支持，优化教学效果，提升学习体验。

5.1　AI智能体

AI智能体是一种能够模拟人类智能行为、具有特定功能和任务的人工智能程序或系统。不同于一般通用的AI应用，它往往在某个特定领域具有海量的知识、强大的分析能力和快速的响应能力。

AI智能体可以理解为通用AI和领域知识的结合，它以通用AI的自然语言处理能力和学习推理能力为基础，结合特定领域的知识图谱和针对不同领域数据的强化训练，能够在保持通用性的同时，为各个特定领域提供专业、精准的服务和支持，满足用户在不同领域的多样化需求。

随着技术的不断发展，AI智能体在很多领域带来了前所未有的变革机遇，在艺术创作、娱乐、金融、医疗等领域得到越来越广泛的应用。而在教育领域，智能体可以作为虚拟教师，提供个性化的教学内容和辅导，从而大幅提升学生的学习效果和兴趣。

目前大多数的AI平台都具有智能体或类似智能体的功能，比如字节跳动的豆包AI、腾讯的腾讯元器、百度的文心智能体、阿里云的通义智能体等。下文以豆包为例，结合《归去来兮辞》和《兰亭集序》的课程，介绍智能体的创建和应用。

5.1.1　豆包的安装与注册

豆包App是字节跳动公司基于云雀模型开发的一款功能丰富的AI工具。豆包支持用户训练和定制属于自己的智能体，使其更加符合用户的聊天喜好和需求。

豆包提供了网页版、PC版、移动App版。在浏览器输入网址"https://www.doubao.com"，即可进入豆包网页版，如图5-1所示。

图5-1　豆包的下载界面

网页右上角的"下载电脑版"按钮是下载PC版的入口，如果需要频繁使用，或需要更好的用户体验、更为强大的功能，可以下载并安装PC版。

移动App版本可以在各应用市场获取，相对网页版，移动App版本拥有一些独特的应用体验，如语音的输入输出、智能绘图风格等。

⚙ 任务1：通过应用商店下载安装豆包并注册账户。

5.1.2　利用豆包建立AI智能体

结合教学内容，我们准备创建一个王羲之AI智能体。

🔧 操作步骤

①打开并登录豆包，依次点击"更多"→"AI智能体"，开始创建AI智能体，如图5-2所示。

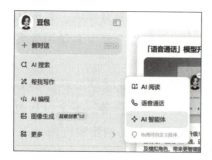

图5-2　豆包—创建虚拟智能体

②点击 进行形象设置：可以上传本地图片，也可以借助 AI 生成图片。以 AI 生成形象为例，豆包应用可能无法直接提供与历史上真实人物完全一致的外观，但可以根据王羲之的历史记载和艺术作品中的形象，尽量还原其神韵。

从历史文献、艺术作品、传记等渠道收集关于王羲之外貌的描述，其通常被描述为"一位风度翩翩、气质非凡的文人雅士。他的身材适中，面容清癯，眼神中透露出睿智和深邃。他的胡须和头发花白。身着宽袍大袖的文人装扮，手持毛笔或纸卷，展现出其书法家的身份和气质"。输入该描述，点击"AI 生成"，便可"塑造"出一个栩栩如生的"王羲之"，并将名称设置为王羲之。如图 5-3 所示。

图 5-3　豆包智能体形象设置

🔧 任务 2：利用 AI 生成王羲之的形象。

③将王羲之的历史资料、书法作品以及历史背景等材料进行归纳总结，得到 AI 智能体的设定描述并完成智能体创建，如图 5-4 所示。

图 5-4　豆包智能体设定描述

该AI智能体不仅深度还原了王羲之作为东晋时期"书圣"的卓越风采，还能够理解和回答关于书法的各种问题，仿佛真的跨越了千年的时空。

后续如果对AI智能体不满意，还可以点击"编辑设定"进行进一步的修改，包括昵称、形象、声音和设定等。完成编辑后，点击"完成创建"，王羲之就创建成功了。

⚙ 任务3：为智能体王羲之撰写设定描述。

④至此，我们可以通过语音或者文字的方式，与"王羲之"进行对话了，如图5-5所示。

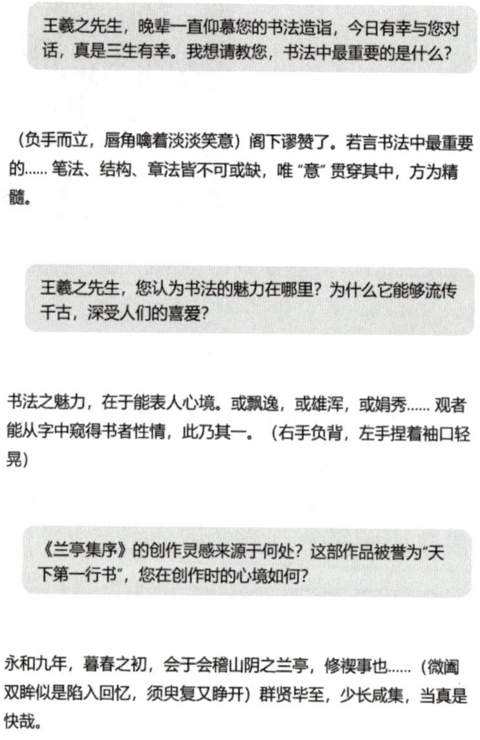

王羲之先生，晚辈一直仰慕您的书法造诣，今日有幸与您对话，真是三生有幸。我想请教您，书法中最重要的是什么？

（负手而立，唇角噙着淡淡笑意）阁下谬赞了。若言书法中最重要的……笔法、结构、章法皆不可或缺，唯"意"贯穿其中，方为精髓。

王羲之先生，您认为书法的魅力在哪里？为什么它能够流传千古，深受人们的喜爱？

书法之魅力，在于能表人心境。或飘逸，或雄浑，或娟秀……观者能从字中窥得书者性情，此乃其一。（右手负背，左手捏着袖口轻晃）

《兰亭集序》的创作灵感来源于何处？这部作品被誉为"天下第一行书"，您在创作时的心境如何？

永和九年，暮春之初，会于会稽山阴之兰亭，修褉事也……（微阖双眸似是陷入回忆，须臾复又睁开）群贤毕至，少长咸集，当真是快哉。

图5-5 与王羲之进行交流

⚙ 任务4：尝试与王羲之对话。

通过这次跨时空的对话，不仅让我们对书法有了更深刻的理解，也展示了计算机技术与传统文化相结合的独特魅力。随着技术的进步和应用场景的拓展，智能体将迎来更加广阔的应用前景。可以预见地，未来的智能体能够更好地理解用户意图、回应用户需求，从而提供更加智能化、个性化的服务。同时也将加速转化为现实生产力，在医疗、教育、电商等领域发挥更大作用。此外需要注意的是，其在发展过程中也面临着一些挑战，如技术瓶颈、隐私保护、伦理道德等问题，需要业界共同关注和解决。

5.2　智能助教

　　智能助教是利用人工智能技术构建的教育辅助工具。它整合了自然语言处理、深度学习、知识图谱等多种先进技术，在教学过程中主要起到辅助教师教学和帮助学生学习的作用。对于教师而言，它可以减轻教师的工作负担，如批改作业、整理教学资源等。例如，在一个大型在线学习平台上，智能助教可以自动批改学生的选择题、填空题等客观题作业，为教师节省时间。对于学生来说，它是一个随时可以提问的学习伙伴。当学生在网络自主学习遇到问题时，智能助教可以及时提供解答，不受时间和空间的限制。

　　智能助教的功能主要包括学习指导功能、问题回答功能、作业与练习功能、学习监督与评估功能等等。严格意义上来说，前文提及的教案智能工具、课件智能工具以及后文将提及的智能阅卷工具等都属于智能助教的范畴。本章将以字节跳动旗下的 AI 工具——豆包和问卷网为主要工具，就人工智能在课程先导学习阶段的应用进行简要介绍。

5.2.1　课程预习方案的设计

　　为了提高学生的学习效率和预习效果，我们设计了一套基于豆包平台的课程预习方案，该方案通过智能化学习辅助工具，帮助学生全面了解《兰亭集序》和《归去来兮辞》这两篇经典文学作品。学生可以通过豆包平台获取丰富的预习内容，包括作者生平、创作背景、字音标注、通假字、一词多义、断句划分等知识点。同时，豆包还提供了效果检测机制，学生可以进行自我评估，教师也可以通过在线方式对学生的预习效果进行检查。

⚒ 操作步骤

　　①在浏览器输入网址"https：//www.doubao.com"，进入豆包网页版，如图5-6所示。

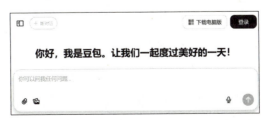

图 5-6　豆包界面

②设计《兰亭集序》和《归去来兮辞》的预习方案，并生成方案框架。输入提示词"请设计一个《兰亭集序》和《归去来兮辞》的预习方案"，豆包会根据要求设计出预习方案，如图5-7所示。完成后，用户可以在结果右上角复制方案，或将结果以 Word、PDF、Markdown 等格式下载，方便进行后续编辑和存档，如图5-8所示。

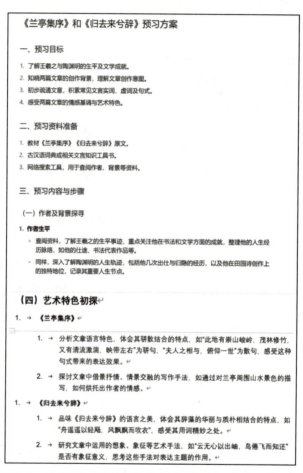

图5-7　《兰亭集序》和《归去来兮辞》预习方案1（部分）

图5-8　Word、PDF、Markdown 等格式

③细化作者生平。在豆包对话框中输入提示词："把作者生平的内容介绍得详细一些"。通过细化作者生平的预习方案，可以发现预习方案中的作者生平得到了扩充，如图5-9所示。

（一）作者及背景探寻

1. 作者生平

◦ **王羲之**：字逸少，东晋时期著名书法家，有"书圣"之称。他出身于东晋的名门望族琅琊王氏，家族在政治和文化领域都颇具影响力。王羲之自幼受到良好的文化熏陶，擅长书法，早年从卫夫人学习书法，后博采众长，草书师法张芝，正书得力于钟繇。其仕途较为波折，初为秘书郎，后历任宁远将军、江州刺史，又为右军将军、会稽内史，世称"王右军"。永和九年（公元 353 年），他与谢安、孙绰等四十一人在会稽山阴的兰亭雅集，写下了被誉为"天下第一行书"的《兰亭集序》。在书法上，他的书法风格平和自然，笔势委婉含蓄，遒美健秀，其作品《兰亭集序》《快雪时晴帖》《丧乱帖》等对后世书法发展产生了深远影响。在文学方面，他也有一定造诣，其文辞清新自然，《兰亭集序》不仅是书法瑰宝，也是文学佳作，文中展现出的对人生的思考与感悟，具有深刻的思想内涵。

◦ **陶渊明**：又名潜，字元亮，世称靖节先生。他生活在东晋末年至南朝宋初期，出身于没落的官僚家庭。其曾祖父陶侃是东晋开国元勋，官至大司马，但到陶渊明时，家境已日渐衰落。陶渊明自幼修习儒家经典，怀有"大济苍生"的壮志。然而，东晋末年政治腐败，门阀制度森严，他的仕途之路颇为坎坷。他几次出仕，初为江州祭酒，因不堪吏职，不久自解归。后又出任镇军将军、建威将军的参军，最终任彭泽县令。但因不愿为五斗米折腰，在八十多天后毅然辞官归隐。此后，他一直过着躬耕自资的生活，在田园中创作了大量的诗歌和文章。陶渊明是中国第一位田园诗人，被称为"古今隐逸诗人之宗"。他的作品风格质朴自然，情感真挚，语言简洁而富有韵味，如《归园田居》《饮酒》《桃花源记》《归去来兮辞》等，通过描绘田园生活的场景和表达对自然、人生的感悟，开创了田园诗派，对后世诗歌发展产生了重要影响。

图 5-9　作者生平介绍

④扩充创作背景。在豆包对话框输入提示词"把创作背景的内容介绍得详细一点"，即可得到较为完整创作背景的预习方案，如图 5-10 所示。

2. 创作背景

◦ **《兰亭集序》**：东晋时期，社会动荡不安，但在士族阶层中却盛行着一种寄情山水、饮酒赋诗的风气。永和九年三月初三，王羲之与当时的名士谢安、孙绰、支遁等四十一人，为过"修禊"日宴集于会稽山阴的兰亭。"修禊"本是古代为除灾祈福而举行的一种仪式，人们到水边嬉游采兰，以消除不祥。此次集会，众人列坐于曲水两旁，将盛酒的觞置于上流，任其顺流而下，停在谁的面前，谁就得赋诗，作不出诗则要罚酒。在这次雅集中，众人共赋诗三十七首，结为《兰亭集》。王羲之作为此次集会的组织者和文坛领袖，为该诗集作了这篇序文。当时，王羲之虽身处官场，但东晋政权内部斗争激烈，政治局势错综复杂。在这样的背景下，兰亭的美景与友人的欢聚，让王羲之暂时忘却了尘世的烦恼。然而，欢乐的时光总是短暂的，面对良辰美景、赏心乐事，他不禁联想到人生的短暂和宇宙的永恒，从而引发了对生命的深刻思考，于是在序文中抒发了自己对人生的感慨以及对生死问题的看法。

◦ **《归去来兮辞》**：陶渊明生活在东晋末年，政治腐败，社会黑暗，门阀制度森严，寒门子弟很难在仕途上有所作为。陶渊明虽怀有"大济苍生"的抱负，但几次出仕的经历让他深感失望。他初为江州祭酒，却因"不堪吏职"而很快辞职。后来又担任镇军将军、建威将军的参军等职，也未能实现自己的政治理想。最后一次出仕，他担任彭泽县令。在任上，上级派督邮来县巡察，县吏劝他束带迎接，他却感叹"吾不能为五斗米折腰，拳拳事乡里小人邪！"于是，在八十多天后毅然辞官归隐。《归去来兮辞》便是他在辞官归田之初创作的，这篇文章生动地描绘了他辞官归途中的欢快心情，到家后与家人团聚的温馨场景，以及对未来田园生活的憧憬与规划。此时的陶渊明，对官场的黑暗和虚伪有了深刻的认识，他渴望摆脱官场的束缚，回归自然，追求一种质朴、自由的生活。这篇辞赋不仅是他对过去仕途生活的反思，更是他对未来人生道路的抉择与宣告，表达了他对田园生活的热爱和对精神自由的追求。

图 5-10　创作背景介绍

⑤细化字音标注知识点。在豆包对话框输入提示词："把两篇文章涉及的字音标注知识点都罗列一下。"豆包给出涉及的字音标注知识点，如图 5-11 所示。

以下为你罗列《兰亭集序》和《归去来兮辞》中涉及的字音标注知识点，这些字音有助于准确诵读两篇文章，更好地开展预习。

1. **《兰亭集序》**
   - **会（kuài）稽**：这里“会”是多音字，在“会稽”这个地名中读“kuài”。
   - **修禊（xì）**：“禊”是古代春秋两季在水边举行的清除不祥的祭祀活动，读音为“xì”。
   - **流觞（shāng）**：“觞”指酒杯，读音为“shāng”。
2. **《归去来兮辞》**
   - **畴（chóu）昔**：“畴”有田地、种类等义，“畴昔”意为往日，“畴”读“chóu”。
   - **棹（zhào）**：指船桨，读音为“zhào”。
   - **熹（xī）微**：“熹”意为[illegible]亮、光明，“熹微”形容阳光不强，“熹”读“xī”。

图 5-11　字音标注知识点

⑥引申通假字和一词多义知识点。在豆包对话框输入提示词：“两篇文章的通假字和一词多义有哪些?”豆包给出《兰亭集序》和《归去来兮辞》中的通假字及一词多义梳理结果，如图 5-12 所示。

《兰亭集序》

1. **通假字**

“趣舍万殊”中，“趣”通“趋”，意为趋向、取向。

2. **一词多义**
   - **“修”**
     - “此地有崇山峻岭，茂林修竹”中，“修”意为长、高。
     - “修禊事也”中，“修”表示举行、从事某种活动。
   - **“虽”**
     - “虽无丝竹管弦之盛”中，“虽”表转折，意为虽然。
     - “虽趣舍万殊”中，“虽”表假设，意为即使。
   - **“于”**
     - “会于会稽山阴之兰亭”中，“于”表示在，引出地点。
     - “当其欣于所遇”中，“于”引出对象，可译为对。
   - **“之”**
     - “暮春之初”中，“之”为结构助词，的。
     - “会于会稽山阴之兰亭”，结构助词，的。
     - “虽无丝竹管弦之盛”，定语后置的标志，可不译。
     - “夫人之相与”，主谓之间取消句子独立性，不译。
     - “及其所之既倦”，动词，往、到达。
     - “向之所欣”，音节助词，无实义。
     - “以之兴怀”，代词，指“向之所欣……已为陈迹”。
     - “感慨系之矣”，代词，指“情随事迁”。
     - “仰观宇宙之大”，定语后置的标志，可不译。

《归去来兮辞》

1. **通假字**
   - “乃瞻衡宇”中，“衡”通“横”，横木，这里指横木为门。
   - “景翳翳以将入”中，“景”通“影”，日光。
2. **一词多义**
   - **“行”**
     - “行年六十有六”中，“行”意为经历。
     - “三人行，必有我师焉”（《论语》），行走。在《归去来兮辞》语境但常见此用法。
     - “善万物之得时，感吾生之行休”中，“行”表示将要。
   - **“引”**
     - “引壶觞以自酌”中，“引”是拿起、端起的意思。
     - “引吭高歌”中常见义为拉长，在《归去来兮辞》中未出现此用法。
   - **“乘”**
     - “公与之乘，战于长勺”（《曹刿论战》），乘车，驾车。
     - “聊乘化以归尽”中，“乘”意为顺应。
   - **“策”**
     - “策扶老以流憩”中，“策”作动词，扶着

图 5-12　《兰亭集序》和《归去来兮辞》中的通假字及一词多义梳理

⑦细化断句划分、实词虚词知识点。输入提示词：“把两篇文章中的断句划分、实词虚词知识点罗列一下。”豆包详细罗列《兰亭集序》和《归去来兮辞》中的断句划分要点，以及实词虚词知识点，如图 5-13 所示。

《兰亭集序》

1. 断句划分要点

- **夫人之相与，俯仰一世**："夫"为句首发语词，表引起议论，"人之相与"表示人与人之间的交往，应停顿；"俯仰一世"描述人生短暂，快速度过一生，语义完整，与前文应断开。

- **虽无丝竹管弦之盛，一觞一咏，亦足以畅叙幽情**："虽"表转折，引领让步状语从句，"虽无丝竹管弦之盛"语义完整应停顿，"一觞一咏"描述集会中的饮酒赋诗活动，独立成句，"亦足以畅叙幽情"表达这种活动带来的效果，单独断开。

- **向之所欣，俯仰之间，已为陈迹，犹不能不以之兴怀**："向之所欣"指过去所喜爱的事物，停顿，"俯仰之间"强调时间短暂，断开，"已为陈迹"表明事物变化，停顿，"犹不能不以之兴怀"表示情感生发，另起停顿。

2. 实词知识点

- **信可乐也**："信"，副词，实在、确实。
- **列坐其次**："次"，名词，旁边、水边。
- **茂林修竹**："修"，形容词，高、长。
- **所以游目骋怀**："骋"，使动用法，使……敞开。
- **情随事迁**："迁"，动词，变化。

3. 虚词知识点

- **"之"**
  - **暮春之初**：结构助词，的。
  - **会于会稽山阴之兰亭**：结构助词，的。
  - **夫人之相与**：用在主谓之间，取消句子独立性，不译。

《归去来兮辞》

1. 断句划分要点

- **归去来兮，田园将芜胡不归！**："归去来兮"为开篇感叹，停顿；"田园将芜"描述田园现状，"胡不归"为反问，二者语义连贯，但为突出情感，中间可停顿。

- **既自以心为形役，奚惆怅而独悲？**："既自以心为形役"表达原因，语义完整停顿，"奚惆怅而独悲"为反问句，表疑问，单独断开。

- **舟遥遥以轻飏，风飘飘而吹衣。问征夫以前路，恨晨光之熹微。**："舟遥遥以轻飏，风飘飘而吹衣"描绘归途中的情景，两句结构相似，分别断开；"问征夫以前路"与"恨晨光之熹微"为不同行为与感受，各自停顿。

2. 实词知识点

- **三径就荒**："就"，动词，接近、将要。
- **引壶觞以自酌**："引"，动词，拿起、端起。
- **策扶老以流憩**："策"，动词，拄着。
- **审容膝之易安**："审"，动词，深知。
- **善万物之得时**："善"，形容词作动词，羡慕。

3. 虚词知识点

- **"以"**
  - **既自以心为形役**：介词，让、使。
  - **舟遥遥以轻飏**：连词，表修饰，相当于"而"。
  - **问征夫以前路**：介词，用、拿。
  - **引壶觞以自酌**：连词，表目的，来。
- **"乃"**
  - **乃瞻衡宇**：副词，于是、然后。

图 5-13 《兰亭集序》和《归去来兮辞》中的断句划分和实词虚词知识点

⑧预习方案与效果检测。输入提示词"把前文提及的作者生平、创作背景、字音标注、通假字、一词多义、断句等详细内容全部组合在一起，写一个完整的预习方案"，豆包会生成一个完整的预习方案，供读者下载并根据需求手工修订。同时，豆包还能够根据以上内容，设计一个预习效果检测方案，生成一份检测卷，帮助教师和学生评估预习效果，确保学习目标的达成，如图5-14所示。

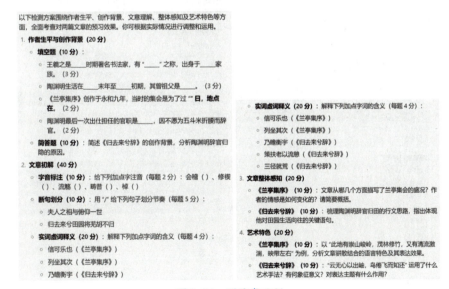

图 5-14 测试卷示例

⑨改进检查方案，实施线上检查。输入提示词："我想把这个检测方案通过在线方式实施，请把它修改为一个适合线上实施的方案。"系统给出了线上检测方案，如图5-15所示。

《兰亭集序》和《归去来兮辞》预习效果线上检测方案

一、实施方式说明

本次检测通过在线文档或问卷平台（如腾讯文档、问卷星等）进行。请答题者在规定时间内，将答案填写在相应的文档或问卷中提交。答题过程中，不得查阅资料，以确保检测结果的真实性。

二、检测内容

1. **作者生平与创作背景（20 分）**
   - **填空题（10 分）**：请在横线上填写正确答案。
     - 王羲之是____时期著名书法家，有“____”之称，出身于____家族。（3 分）
     - 陶渊明生活在____末年至____初期，其曾祖父是____。（3 分）
     - 《兰亭集序》创作于永和九年，当时的集会是为了过“”______日，地点在______。（2 分）
     - 陶渊明最后一次出仕担任的官职是____，因不愿为五斗米折腰而辞官。（2 分）
   - **简答题（10 分）**：请简要阐述《归去来兮辞》的创作背景，并分析陶渊明辞官归隐的原因。（请在答题框内输入不低于 100 字的回答）
2. **文意初解（40 分）**
   - **字音标注（10 分）**：请在括号内写出下列加点字的正确读音。
     - 会稽（）
     - 修禊（）
   - **断句划分（10 分）**：请在下列句子中用“/”准确划分节奏。
     - 夫人之相与俯仰一世
     - 归去来兮田园将芜胡不归
   - **实词虚词释义（20 分）**：请解释下列加点字词在文中的含义。
     - 信可乐也（《兰亭集序》）
     - 列坐其次（《兰亭集序》）
     - 乃瞻衡宇（《归去来兮辞》）
     - 策扶老以流憩（《归去来兮辞》）
     - 三径就荒（《归去来兮辞》）
3. **文章整体感知（20 分）**
   - **《兰亭集序》（10 分）**：请概括文章从哪几个方面描写了兰亭集会的盛况，以及作者情感变化的过程。（请在答题框内输入不低于 100 字的回答）
   - **《归去来兮辞》（10 分）**：梳理陶渊明辞官归田的行文思路，并指出体现他对田园生活向往的关键语句。（请在答题框内输入不低于 100 字的回答）
4. **艺术特色（20 分）**
   - **《兰亭集序》（10 分）**：以“此地有崇山峻岭，茂林修竹，又有清流激湍，映带左右”为例，分析文章骈散结合的语言特色及其表达效果。（请在答题框内输入不低于 100 字的回答）
   - **《归去来兮辞》（10 分）**：分析“云无心以出岫，鸟倦飞而知还”运用的艺术手法、象征意义及对表达主题的作用。（请在答题框内输入不低于 100 字的回答）

这样修改后，检测方案更符合线上实施的场景，你可以顺利通过线上平台开展预习效果检测。如果你对线上检测的形式、题目设置还有其他想法，比如是否需要增加选择题、判断题等题型，欢迎随时告诉我。

图 5-15　预习效果测试方案

⑩生成线上检测题的参考答案。针对在线检测方案，给出参考答案，如图 5-16 所示。

以下是针对《兰亭集序》和《归去来兮辞》预习效果在线检测方案的参考答案，你可根据实际情况对部分答案的表述进行灵活调整。

1. 作者生平与创作背景（20 分）

- **填空题（10 分）**：
  - 东晋；书圣；琅琊王氏（3 分）
  - 东晋；南朝宋；陶侃（3 分）
  - 修禊；会稽山阴的兰亭（2 分）
  - 彭泽县令（2 分）
- **简答题（10 分）**：
  陶渊明生活在东晋末年，当时政治腐败，门阀制度森严，寒门子弟仕途艰难。他虽胸怀“大济苍生”的抱负，但几次出仕经历都令他失望。如初为江州祭酒，因不堪吏职很快辞职；后任镇军将军、建威将军的参军等职，也未能实现政治理想。最后任彭泽县令时，上级派督邮来巡察，县吏劝他束带迎接，他却不愿为五斗米折腰，于是八十多天后毅然辞官归隐。《归去来兮辞》创作于他辞官归田之初，此时他对官场的黑暗和虚伪有了深刻认识，渴望摆脱官场束缚，回归自然，追求质朴、自由的生活，所以此篇既是对过去仕途生活的反思，也是对未来人生道路的抉择与宣告，表达了他对田园生活的热爱和对精神自由的追求。（回答要点明确，阐述清晰，字数符合要求即可得 8 - 10 分；要点基本齐全，但阐述较简略，得 5 - 7 分；要点不全，表述不清，得 1 - 4 分）

2. 文意初解（40 分）

- **字音标注（10 分）**：
  - 会稽（kuài jī）
  - 修禊（xì）
  - 流觞（shāng）
  - 畴昔（chóu）

候门。三径就荒，松菊犹存。携幼入室，有酒盈樽”；最后表达对未来的思考，“怀良辰以孤往，或植杖而耘耔。登东皋以舒啸，临清流而赋诗。聊乘化以归尽，乐夫天命复奚疑！”体现他对田园生活向往的关键语句有“三径就荒，松菊犹存”，借松菊象征自己高洁的品格，表达对田园生活的眷恋；“农人告余以春及，将有事于西畴。或命巾车，或棹孤舟。既窈窕以寻壑，亦崎岖而经丘。木欣欣以向荣，泉涓涓而始流”，描绘田园劳作和自然风光，表现出对田园生活的喜爱与向往。（思路梳理清晰，能准确找出关键语句并简要分析，得 8 - 10 分；思路基本清晰，关键语句找得不全或分析较简略，得 5 - 7 分；思路混乱，关键语句找错，得 1 - 4 分）

艺术特色（20 分）

《兰亭集序》（10 分）：
以“此地有崇山峻岭，茂林修竹，又有清流激湍，映带左右”为例，此句为骈句，句式整齐，节奏明快，从多个角度描绘出兰亭周围山水的壮美与清幽，给人以强烈的视觉感受，展现出一种整齐之美。而“夫人之相与，俯仰一世”为散句，句式自由灵活，自然流畅地引出对人生的感慨。这种骈散结合的语言特色，使文章既有形式上的整齐和谐之美，又不失灵动变化，避免了行文的单调，使文章在表达上更加自由多样，能够更好地抒发作者丰富的情感，增强了文章的感染力和表现力。（能准确分析骈散结合特色及表达效果，举例恰当，得 8 - 10 分；分析较准确，但不够深入，得 5 - 7 分；分析有误，未能抓住要点，得 1 - 4 分）

《归去来兮辞》（10 分）：
“云无心以出岫，鸟倦飞而知还”运用了拟人、象征的艺术手法。“无心”赋予云以人的情感，“倦飞”赋予鸟以人的状态，生动形象。同时，云自然地从山中飘出，鸟飞倦了知道回巢，象征着作者无心于官场，厌倦了仕途奔波，渴望回归自然、回归田园的心境。此句通过对自然景象的描写，含蓄地表达了作者对田园生活的向往和对自由的追求这一主题，使主题的表达更加生动、深刻，富有感染力。（能准确指出艺术手法，分析象征意义及对主题的作用，得 8 - 10 分；手法判断准确，分析较浅，得 5 - 7 分；手法判断错误或分析混乱，得 1 - 4 分）

图 5-16　参考答案

5.2.2　在线测试

在预习方案及在线测试方案的基础上，我们将以在线测试的方式对学生的预习结果进行检测，并获取数据结果用于后续分析和指导教学过程。

可以提供在线测试的平台很多，有的是教育类工具中的一部分，比如超星泛雅网络教学平台、学习通，还有一些是通用的平台，如问卷网、问卷星、腾讯问卷等等，其功能、性能各有优劣，但基本功能类似，用户可以根据个人爱好选择合适的平台。下文以问卷网（https://www.wenjuan.com/）为例，说明测试卷发布、数据回收和分析的过程。

🛠 操作步骤

①登录问卷网后，在首页点击"进入工作台"后，即可进入个人工作台首页，如图 5-17 所示。

图 5-17　问卷网首页

②点击"新建项目"，并在选择场景页面中选择"考试测评"，进入项目创建页面，如图 5-18 所示。

图 5-18　考试测评页面

③通常可以通过三种途径创建测试卷：空白创建、文本创建和 AI 创建，以下以《兰亭集序》和《归去来兮辞》预习测试中的部分题目为例，简要介绍三种创建方式。

考试创建的页面主要分为两部分：题型和主工作区，如图 5-19 所示。将光标定位于"考试标题"，删除原文字，输入新标题：《兰亭集序》和《归去来兮辞》预习测试。

图 5-19　考试创建页面

④设置考前须知（如有必要）。首先，点击题型区域的考前须知，系统会在工作区添加考前须知内容；其次，根据个人需求修改考前须知文字内容；最后，生成的页面内容如图5-20所示。

《兰亭集序》和《归去来兮辞》预习测试
考前须知
1、请在进入答题前，确保设备性能和系统条件符合线上考试要求
2、做题中请勿使用F功能键或查看源代码，如使用系统会记录下来
3、诚信考试，请勿上网搜索答案，与其他考生交流，求助外援等
4、做题中途遇到问题被退出，在有效期内仍可进入再次进行答题

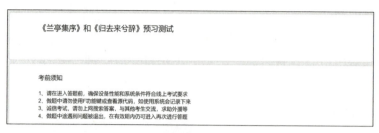

图5-20 《兰亭集序》和《归去来兮辞》的考试须知

⑤添加单选题说明。点击题型区域的段落说明，系统会在工作区添加段落说明，修改段落说明为单选题标题内容，如“单选题（共5小题，每小题4分，共20分）”。点击题型区域的考试题型“单选”，系统在工作区添加一个单选题模板，修改单选题题干和选项内容，结果如图5-21所示。

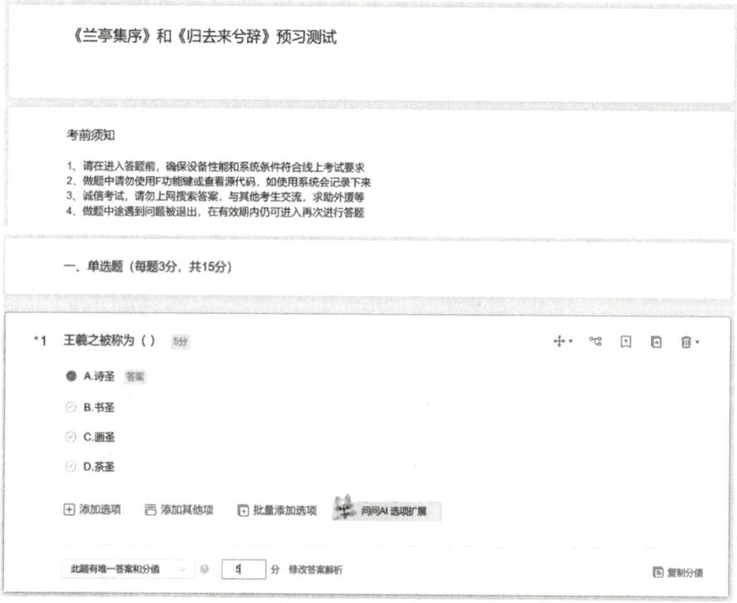

《兰亭集序》和《归去来兮辞》预习测试
考前须知
1、请在进入答题前，确保设备性能和系统条件符合线上考试要求
2、做题中请勿使用F功能键或查看源代码，如使用系统会记录下来
3、诚信考试，请勿上网搜索答案，与其他考生交流，求助外援等
4、做题中途遇到问题被退出，在有效期内仍可进入再次进行答题
一、单选题（每题3分，共15分）
*1 王羲之被称为（） 5分
A.诗圣 答案
B.书圣
C.画圣
D.茶圣
添加选项
添加其他项
批量添加选项
问问AI 选项扩展
此题有唯一答案和分值
5 分 修改答案解析
复制分值

图5-21 添加单选题

⑥试题下方为试题答案设置，可以设置答案类型、分值。点击“答案解析”，可以设置正确答案和答案解析，如图5-22所示。

此外，用户还可以添加填空题，点击题型区域的考试题型“横向填空”，系统会在工作区添加一个填空题模板。输入填空题题目后，系统默认显示连续下划线（“_”）为填空区域，用户也可以将光标定位于需要填空的位置并点击“插入填空符”进行设置，如图5-23所示。

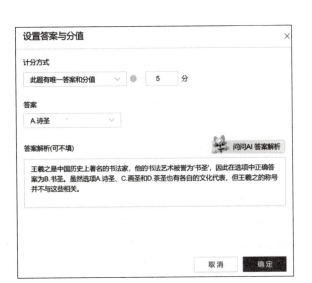

图 5-22　设置答案和解析

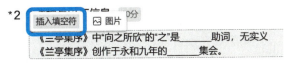

图 5-23　插入填空题

⑦设置答案与分值：点击题目下方的"设置答案与分值"，并在对应页面设置每个填空题的计分方式、答案及答案解析，如图 5-24 所示。

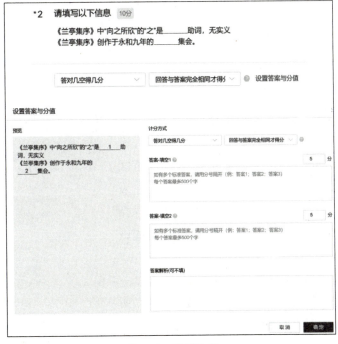

图 5-24　设置分值

⑧通过选择"填空题"、"简答题"等合适的题型，依次添加其他测试题即可。

1）在添加试题和试题编辑过程中，经常可以看见图标🖋，表示此处提供 AI 辅助功能，可以通过 AI 帮助我们修改题目、获取解析等等，有助于提高编辑效率。

2）试题题干右侧的工具栏✥▾、⚡、⊡、⊞、🗑▾提供了改变顺序、设置试题逻辑、收藏、复制、删除等功能。

3）工作区右侧提供了"快捷设置"和"题目设置"功能，如图 5-25 所示，可对考试项目以及选中的试题做详细的设置。

图 5-25　依次添加测试题

⑨从文本创建：从文本创建允许我们通过提交 Word、Excel、PDF 等文件或直接粘贴文本等方式，借助系统的自动分析，快速创建所需的试卷。在创建方式中选择"文本创建"，即可进入"文本创建"页面，如图 5-26 所示。根据需求选择对应的功能按钮，在此以前文生成的在线测试题 Word 文档为例，点击"上传 Word/Excel/PDF"按钮，选中本地的 Word 文档，并上传。

⑩经过 AI 分析，系统生成试卷，如图 5-27 所示。点击"立即查看"按钮，即可进入试卷编辑页面，具体编辑方法如前文所述，在此不再重复说明。

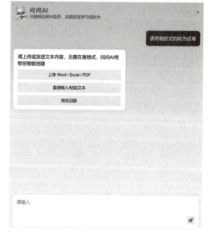

图 5-26　文本创建

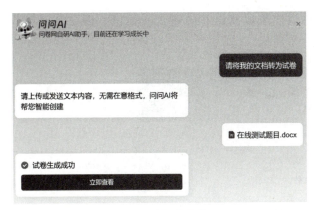

图 5-27　生成试卷

5.2.3　AI 创建测试试卷

AI 技术的应用使得自动生成测试试卷成为一种高效且便捷的工具。借助大语言模型的智能对话功能，教师可以根据课程内容、学生需求和教学目标，迅速创建个性化的测试试卷。这种方法不仅大大简化了试卷设计的过程，还能灵活地根据不同的学习重点和考核要求，提供定制化的测试内容，从而提高了教学的效率和学生的学习效果。

🛠 操作步骤

①在创建方式中选择"AI 创建"，即可进入"AI 创建"页面，如图 5-28 所示。

图 5-28　进入 AI 创建页面

②在对话框下方输入提示词，如"请为《兰亭集序》和《归去来兮辞》两篇古文生成一份预习测试卷，测试内容应包含字音字形、文言字词释义、通假字与古今异义、文意理解等内容，题型可以采用选择题、填空题、简答题等类型"。

③AI助手根据要求生成测试卷内容，并提供"创建此试卷"和"提修改意见"两个选项，如图5-29所示。

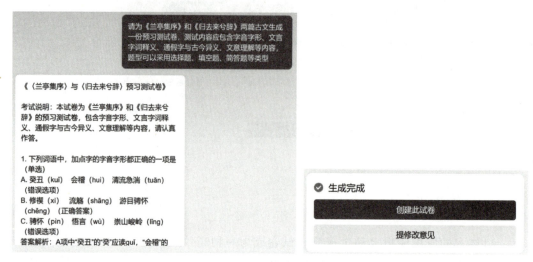

图5-29　创建试卷

④用户可以通过进一步提修改意见，对试卷内容进行修订、增补，直至基本满意。选择"创建此试卷"，完成试卷创建，并通过查看试卷进入试卷编辑页面。试卷编辑完成后，点击右上角的"预览"按钮，可查看该试卷在电脑端和手机等移动设备的显示效果，并可在移动设备上扫描二维码进行预览，如图5-30所示。

图5-30　移动设备预览

⑤若预览结果满足要求，即可通过点击试卷右上角的"完成"按钮进行发布，确认发布后，系统提供了二维码、消息卡片、传统超链接等多种发布模式，如图5-31所示，用户可以根据自身需求发布试卷。

图 5-31　试卷发布

⑥在试卷发布后，可随时通过数据面板查看答题情况。在个人工作台中，定位到对应试卷项目右下角的"数据"按钮，弹出"查看数据概况""查看原始数据""查看题目报表""导出数据"功能，如图 5-32 所示。

图 5-32　数据查看

⑦数据概况是项目核心数据汇总，不同项目类型有所差异，例如考试测评项目，如果设置了分值，则会显示成绩概况、成绩分布、考试排名等信息，如图 5-33 所示。

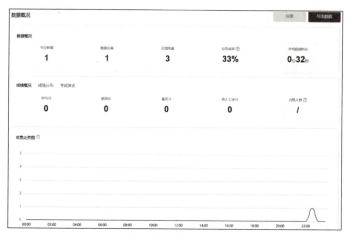

图 5-33 数据概况

⑧在工作台面板选择"导出数据"或在数据概况页面右上角点击"导出数据"按钮，即可根据用户需求将数据下载到本地，如图 5-34 所示，以供进一步做数据分析和应用。

图 5-34 数据导出

5.3 本章小结

随着 AI 技术的不断进步，各类 AI 工具层出不穷，许多有更高集成度、功能更加全面丰富的 AI 平台正在走进学校，如讯飞星火教师助手、超星指针 AI 助教、希沃魔方 AI 生态、谙心助教等，其生态日趋完善，用户将可以在一个平台得到 AI 对教学全过程的支持，但无论使用哪一种工具，其使用的基本方法和模式是相同的。

本章以高中语文《山水田园中的生命之思——〈兰亭集序〉〈归去来兮辞〉联读》公开课为例，以豆包和问卷网为工具，简要介绍了 AI 在预习、测试等教学环节中的应用。不同的 AI 平台各有其擅长和优势，而且各类平台正处于快速变化和进化过程中，应注意根据不同 AI 工具的特色扬长避短，方能取得良好的应用效果。

第 6 章　教学管理智能辅助

在教育信息化与智能化的大背景下，教学管理作为教育体系的核心环节，正逐步从传统的经验驱动模式向数据驱动模式转变。教学管理智能辅助技术通过整合大数据分析、人工智能、云计算等先进技术，为学校、教师和学生提供了更加高效、精准的管理工具和服务，其不仅能够自动完成阅卷、作业批改等繁重任务，减轻教师的工作负担，还能通过视觉理解、文本生成等技术，为班主任提供全方位的班级管理支持，提升班级管理的科学性与有效性。教学管理智能辅助技术的广泛应用，正在深刻改变着教育教学的面貌，为教育事业的蓬勃发展注入新的活力。

本章将深入探讨教学管理智能辅助技术的最新进展与应用实践，结合具体案例，展示 AI 技术在教学管理中的独特魅力与无限潜力。重点介绍智能阅卷与作业批改、班主任智能管理两方面的技术与应用，具体包括：

（1）基于大模型的智能阅卷；

（2）智能留痕批阅技巧；

（3）学科作业智能化批改；

（4）视觉理解大模型在班主任智能管理中的应用，如班级管理图片的智能分析；

（5）AIGC 模型的文本内容生成方法，如班级活动新闻稿、学生评语、主题班会策划案的智能生成。

6.1　智能阅卷与作业批改

随着人工智能大模型技术的深化应用，"拍照批卷"和"拍题解题"类应用通过多模态融合技术实现了质的飞跃。其核心依托计算机视觉与自然语言处理的协同创新：基于深度卷积神经网络的 OCR 技术精准提取图像中的文字、公式及图表信息，结合CLIP等跨模态模型消除手写模糊、符号歧义等问题；同时，Transformer架构的大语言模型（如GPT-4、PaLM）通过注意力机制与知识图谱，对理科问题构建符号化数学推理框架，对文科问题生成逻辑推导路径，并借助强化学习与可解释性AI技术动态优化解题策略，确保答案评判符合教学规范。此类系统还通过亿级教育数据的预训练与多任务联合学习，实现错题定位、分步解析和个性化知识追踪，最终构建出集视觉感知、语义理解、认知推理于一体的智能教育解决方案，为师生提供实时、精准且高度自适应的学习支持。

目前，如豆包、讯飞、学而思九章、作业帮银河等大模型赋能的此类应用不仅能够较好地识别和理解图片中的文字等内容，还能进行复杂的逻辑推理或计算，无论是理科类问题还是文科类问题，都能提供精准的答案评判和解题思路，可广泛用于各科作业批改、阅卷和辅导答疑，对话式交互助力个性化教学，提升了教学效率。

6.1.1　九章大模型智能阅卷

智能阅卷或作业批改通过操作九章大模型等人工智能大模型工具，批阅数学和语文学科的试卷，其中包括客观题（如选择题）和主观题（如语文作文），深入了解智能阅卷的基本流程和技术原理，体验人工智能大模型阅卷的便捷性与准确性：

🛠 **操作步骤**

①登录九章大模型网址：https：//www.mathgpt.com/，单击界面中的"开始体验"按钮。如图6-1所示。

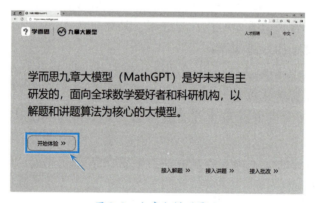

图6-1　九章大模型界面

②在对话界面底部对话框中，单击上传图片按钮，将要批阅的试卷照片上传，如图6-2所示。用户使用应用的拍照功能拍摄题目或试卷照片。应用对采集到的图像进行预处理，如裁剪、旋转、调整亮度和对比度等操作，以提高图像质量，便于后续的识别和处理。

图 6-2　对话界面

③请选择配套资源中的"数学试卷 01.png",这是一份初中八年级数学试卷第 1 页的图片,试卷中共有 8 道选择题。上传图片后在对话框中输入"请帮我分析这份试卷中的考题"。此时大模型将识别图片中的问题,如图 6-3 所示。利用图像识别技术和自然语言处理技术对图像中的题目进行分析和识别。根据题目的类型、关键词等信息,将其归类到不同的学科和题型类别中,为后续的解题或批改提供依据。

图 6-3　识别问题

④按照对话提示，点击想要解答的题号，大模型将进行题目解答，并给出正确答案，如图6-4所示。如果是数学、物理等理科题目，系统会根据识别出的题目信息，从知识图谱中检索相关的公式、定理和解题方法，结合推理引擎进行计算和推导，生成详细的解题步骤和答案。对于文科类题目，如语文阅读理解、历史分析等，系统会基于大量的文本数据和语言模型，对题目进行语义理解和分析，给出相应的解答和观点。

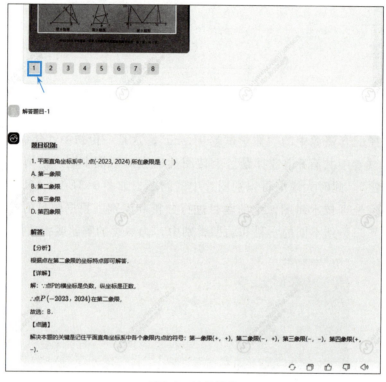

图6-4　问题解答

⑤对于客观题，系统可以直接根据标准答案和预设的规则进行自动批改，判断答案的正确性并给出相应的分数。对于主观题，系统会先对答案进行语义理解和分析，提取关键信息和观点，然后与参考答案进行对比和匹配，给出初步的批改结果和评分建议。最后，由人工老师对批改结果进行审核和确认，确保评分的准确性和公正性。

⑥对于某一问题，可以通过继续与大模型对话的方式，要求其给出具体详细的推理过程，如在对话框中输入"对于第8题，请给出标准的计算过程，我希望在为学生讲解题目的时候使用。"，大模型回答的结果如图6-5所示。将解题或批改的结果以清晰、直观的方式呈现给用户，包括答案、解题步骤、评分、错误原因分析等。同时，还可以提供一些个性化的学习建议和辅导内容，帮助用户更好地理解和掌握相关知识点。

对于第8题,请给出标准的计算过程,我希望在为学生讲解题目的时候使用。

当然,下面给出一个详细的解答过程,以便您为学生讲解时使用。

题目

在三角形ABC中,AB = AC,且∠A = 40°。D、E、F分别是BC、AB、AC上的点,使得BD = CF,BE = CD。求∠EDF的度数。

解答过程

1. **确定三角形ABC的内角度数**
   - 由于AB = AC,三角形ABC是一个等腰三角形。
   - 根据等腰三角形的性质,底角相等,即∠B = ∠C。
   - 三角形内角和为180°,所以:

   $$\angle A + \angle B + \angle C = 180°$$

   - 代入已知条件∠A = 40°,得:

   $$40° + \angle B + \angle B = 180°$$
   $$2\angle B = 140°$$
   $$\angle B = 70°$$

   - 因此,∠B = ∠C = 70°。

2. **证明三角形DBE与三角形FCD全等**
   - 已知条件:BD = CF,BE = CD。
   - 由于AB = AC,且D、E、F分别是BC、AB、AC上的点,所以∠DBE = ∠FCD(因为它们都是等腰三角形的底角)。
   - 根据SAS(边角边)全等条件,可以证明三角形DBE与三角形FCD全等:

   $$\triangle DBE \cong \triangle FCD$$

3. **利用全等三角形的性质**
   - 由于三角形DBE与三角形FCD全等,所以:

   $$\angle BDE = \angle CFD$$
   $$\angle BED = \angle CDF$$

4. **求∠EDF的度数**
   - 在三角形DBE中,根据三角形内角和定理:

   $$\angle BDE + \angle BED + \angle EBD = 180°$$

   - 由于∠EBD = ∠B = 70°,代入得:

   $$\angle BDE + \angle BED + 70° = 180°$$
   $$\angle BDE + \angle BED = 110°$$

   - 由于三角形DBE与三角形FCD全等,所以:

   $$\angle BDE + \angle CDF = 110°$$

   - 在四边形BDEF中,根据四边形内角和定理:

   $$\angle BDE + \angle CDF + \angle EDF + \angle BFD = 360°$$

   - 由于∠BFD = 180° - ∠B = 110°,代入得:

   $$110° + \angle EDF + 110° = 360°$$
   $$220° + \angle EDF = 360°$$
   $$\angle EDF = 140° - 110°$$
   $$\angle EDF = 70°$$

结论

∠EDF的度数为70°。

希望这个详细的解答过程对您为学生讲解题目时有所帮助。

图6-5 问题推理

⑦大模型还支持同构题的生成,如可以在解答了某一题目后,输入类似"第5题我班有较多同学回答错误,请帮我再出4道同构题,帮助他们巩固知识点,谢谢。"这样的提示词。大模型给出的回答如图6-6所示。

第5题我班有较多同学回答错误，请帮我再出4道同构题，帮助他们巩固知识点，谢谢。

当然可以！为了帮助您的学生更好地理解和巩固第5题的知识点，我将设计4道同构题，这些题目将涵盖相似的概念和几何性质，以帮助学生更好地掌握这些知识点。

原题回顾

原题：下列命题中，一定是真命题的是（ ）。

A. 三角形的外角平分线与三角形内角平分线相等。

B. 两直线相交，如果同位角相等，那么同旁内角相等。

C. 全等三角形是轴对称图形。

D. 有两直线相交成平角，那么这两条直线互相垂直。

同构题1

下列命题中，一定是真命题的是（ ）。

A. 三角形的内角平分线与外角平分线相交于同一点。

B. 两直线平行，如果同位角相等，那么内错角也相等。

C. 等腰三角形一定是轴对称图形。

D. 有两直线相交成直角，那么这两条直线互相垂直。

同构题2

下列命题中，一定是真命题的是（ ）。

A. 三角形的外角等于不相邻的两个内角之和。

B. 两直线相交，如果对顶角相等，那么同位角也相等。

C. 两个全等三角形可以拼成一个平行四边形。

D. 有两直线相交成直角，那么这两条直线互相垂直。

同构题3

下列命题中，一定是真命题的是（ ）。

A. 三角形的外角平分线与内角平分线不相等。

B. 两直线平行，如果同旁内角之和为180度，那么同位角也相等。

C. 两个全等三角形一定是轴对称图形。

D. 有两直线相交成180度，那么这两条直线互相垂直。

同构题4

下列命题中，一定是真命题的是（ ）。

A. 三角形的外角平分线与内角平分线相交于三角形的内心。

B. 两直线相交，如果同位角相等，那么这两条直线平行。

C. 等边三角形一定是轴对称图形。

D. 有两直线相交成直角，那么这两条直线互相垂直。

答案解析

1. 同构题1

  • A. 三角形的内角平分线与外角平分线相交于同一点（不一定是真命题）。

  • B. 两直线平行，如果同位角相等，那么内错角也相等（是真命题）。

  • C. 等腰三角形一定是轴对称图形（是真命题）。

  • D. 有两直线相交成直角，那么这两条直线互相垂直（是真命题）。

  • 正确答案：D

2. 同构题2

图 6-6 给出同构题

🔧 **任务1**：请拍摄或下载一份数学试卷，尝试基于九章大模型进行试卷上某道题目的解答与推理。

6.1.2 MyTeachers.ai作文留痕批阅

通过在MyTeachers.ai平台上使用AI语文老师进行作文智能留痕批改的操作流程如下：

🔧 **操作步骤**

①登录 MyTeachers.ai 的网址：https：//myaiteachers.com/，切换智能体为 AI 语文老师"张文逸"，此时系统界面如图 6-7 所示。

图 6-7　留痕批阅主界面

②点击对话框下方的"作文批改"按钮，进入语文任务选择界面，如图 6-8 所示。

图 6-8　任务选择界面

③单击"作文拍照精批"按钮，此时界面右侧会打开作文批改操作界面，如图6-9所示。

图6-9　作文批改操作界面

④将要批改的作文拍照后上传，实践时可选择配套资源中"语文作文01.png"和"语文作文02.png"，它们是一篇名为"我心中的光"的中学作文，上传界面如图6-10所示。

图6-10　作文上传界面

⑤按上传步骤提示完成上传后，系统自动识别作文文字内容，点击"开始批改"后给出分数并生成批改报告，如图6-11所示。

图6-11　作文评分与批改报告

⑥点击"批改报告"按钮，可以查阅等级、分数和评价等信息，如图6-12所示。

图 6-12 报告详情

⑦此外，单击报告上方选项卡中的"旁边批改"，可以看到系统自动生成的留

痕批阅，如图6-13所示。

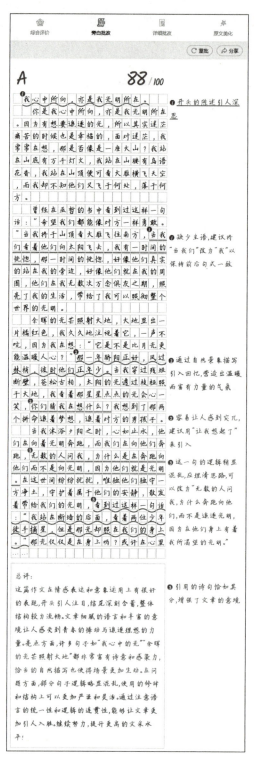

图6-13　留痕批阅

>  任务2：请登录MyTeachers.ai，尝试对一篇作文进行留痕批注。

6.1.3 "作业帮"批改语文作业

通过使用"作业帮"App批改语文作业操作流程如下：

🔧 操作步骤

①在手机端安装"作业帮"App，拍摄需要批改的语文作业。可单次批改，也可连续批改多份作业。"作业帮"App运行后的主界面如图6-14所示。

图6-14　作业帮App主界面

②点击界面上方"作业批改"按钮，进入拍摄批改界面，可在底端选择"批整页"或"批多页"等模式后，按拍摄按钮进行作业拍摄批改。批改界面如图6-15所示。

③此外，也可单击"相册"按钮，选择之前拍摄或存储好的作业图片进行批改，实践时可选择配套资源中"语文作业01.png"或"语文作业02.jpg"，批改结果如图6-16所示。

图6-15　作业批改界面　　　　图6-16　语文作业批改结果

> ⚙ 任务3：请安装好作业帮App后，尝试进行一份语文作业的批改。

6.1.4　"作业帮"批改数学作业

本部分使用"作业帮"提供数学作业的批改以及结果与解析，通过"豆包爱学"可拍摄题目生成详细推导过程，补充深度讲解。

🛠 操作步骤

①用类似的步骤也可以批改数学作业，实践时可选择配套资源中的"数学作业.jpg"，批改结果如图6-17所示。

图 6-17　数学作业批改结果

②从图 6-17 可见，大部分题目批阅正确，但需要注意第 2 大题"算一算"，由于不是标准的数学计算式书写方式，因此在人工智能自动批阅过程中会产生误差。该大题的三组图形分别表示了 9 个减法计算式，每 3 个算式中被减数是公用的，这份作业中的回答都是正确的，但正确批阅的算式只有 3 个，所以需要修订。误差具体如图 6-18 所示。

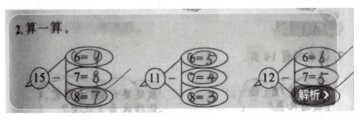

图 6-18　作业批改中的误差

③对于数学作业中的大题，作业帮 App 在完成批阅后，还提供了解析等功能，作业大题批阅结果和解析讲解如图 6-19 和图 6-20 所示。

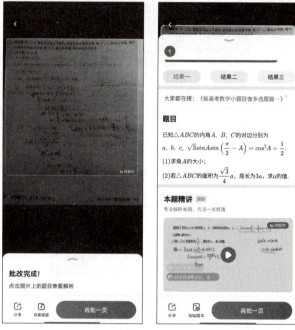

图6-19　数学大题批改结果　　图6-20　数学大题解析和讲解

④如果希望得到数学大题的推导过程，可以使用一款名为豆包爱学的App，将题目拍摄后，基于豆包大模型进行AI解析，给出题目的答案和详解，如图6-21所示。

图6-21　豆包大模型解析数学大题

任务4：请安装好作业帮或豆包等App后，尝试批改一份数学作业。

6.1.5　常用的智能阅卷或作业批改大模型

1.星火大模型

开发公司：科大讯飞。

功能特点：具有多模态数据处理能力，能识别并理解图片内容，具有知识问答、逻辑推理、数学解题、文本写作等功能。

典型应用举例：讯飞星火智能批阅机（图6-22），基于星火大模型升级OCR识别、语义理解、知识图谱、智能推荐等底层能力，打造新时代大模型教师AI助手，集自由组卷、智能批改、原卷留痕、学情诊断、错题巩固、资源沉淀等场景应用于一体，通过AI大模型赋能批改减负、通过学业数据沉淀助力精准教学、通过共/个性错题巩固助力自主学习闭环，全面助推教育提质增效、因材施教。它集智能批改、精准学情、个性学习于一体，它支持各种版面尺寸和排版格式的作业，在支持多学科多题型智能批改的同时，还能即时生成多维学情报告，还为老师作业讲评和面批辅导提供了素材。在现场演示中，半分钟就能批改完成15份学生作业，批改模拟了真人笔迹，和老师平时批改作业几乎一样。

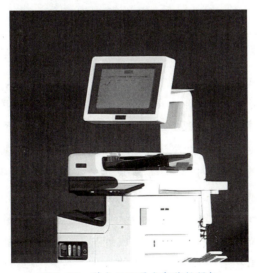

图6-22　科大讯飞星火智能批阅机

2.豆包大模型

开发公司：字节跳动。

功能特点：适用于语文、数学、物理、化学等科目，支持对话交互。豆包爱学App提供智能问答、拍题答疑、作业批改和错题收集等功能。

3.Kimi模型

开发公司：月之暗面。

功能特点：具有智能问答、知识检索、语言翻译和文本生成等功能，可以检查出作文中的语法错误并提供修改建议，适用于文理多科。

4.九章大模型

开发公司：学而思。

功能特点：学而思九章大模型（MathGPT）是好未来自主研发的，面向全球数学爱好者和科研机构，以解题和讲题算法为核心的大模型，提供学科智能问答，数学推导、语文和英语作文助手等功能。

5.银河大模型

开发公司：作业帮。

功能特点：银河大模型是作业帮自主研发的大语言模型，深度融合作业帮多年的AI算法沉淀和教育数据积累，是一款专为教育领域量身打造的覆盖多学科、多学段、多场景的教育大模型。作业帮App提供作业批改、拍照搜题、错题收集等功能。

> ⚙ 任务5：你还能找出更多的可用于智能阅卷或作业批改的大模型吗？若找到，请写一份简要的使用测评。

6.2　班主任智能管理

通过视觉理解和AIGC（人工智能生成内容）等前沿技术，运用视觉理解模型、AIGC模型、大语言模型、Transformer模型等原理，我们能够实现班级管理数据的智能获取、班级活动新闻稿的智能生成以及学生评语和主题班会策划案的智能撰写。这些技术基于深度学习和自然语言处理，通过对大量数据的学习和分析，能够高效地生成高质量的文本内容。具体来说，AIGC技术利用生成对抗网络、Transformer架构等模型，能够根据输入的关键词、格式和风格要求，自动生成自然流畅的文本。Transformer模型则通过其强大的自注意力机制和多头注意力机制，能够捕捉文本中的长距离依赖关系，从而生成连贯且富有逻辑的内容。班主任作为班级管理的核心人物，承担着学生管理、活动策划、文档撰写等多重职责。然而，传统的管理方式往往耗时费力，效率低下。如今，借助人工智能大模型的技术力量，班主任可以更加高效地完成各项任务，提升班级管理的智能化水平。

6.2.1　视觉理解模型班主任智能管理

通过视觉模型分析班级图像：输入场景图，识别对象特征，转化为文本信息，推理场景关系，输出违规判断或参与度评估。

🔧 操作步骤

①图像输入：首先，将待分析的图像输入到视觉理解模型中。这些图像可以来自班级管理中的各种场景，如教室监控、学生活动照片等。

②特征提取与对象识别：视觉编码器对输入图像进行特征提取，识别出图像中的关键对象、颜色、形状等特征，并进一步识别出图像中的各个对象，如学生、教师、物品等。

③信息转化：投影器将视觉编码器生成的图像信息转化成大语言模型能够理解的语言格式，即将图像信息转化为类似"文字片段"的形式。

④推理与解释：大语言模型结合图像信息和文本信息进行推理和解释，理解图像所呈现的场景、对象之间的关系以及图像所传达的含义。

⑤输出结果：最后，模型根据推理结果输出相应的解释或判断，如识别出学生是否违规、评估学生的参与度等。

📖 功能扩展

①家校协同可视化报告

应用场景：为家长提供直观的课堂行为分析，搭建家校沟通的数字化桥梁。

技术方法：基于场景关系推理结果，自动生成包含热力图、行为时间轴的可视化报告。通过大语言模型提炼核心观察点，结合图像关键帧制作图文简报。

示例说明：每日生成《课堂专注度分布报告》，标注高频分心时段与典型干扰因素（如后排学生电子设备使用），通过教育平台同步至家长端。

②个性化教学支持

应用场景：根据学生课堂表现制定差异化辅导方案。

技术方法：通过多模态注意力分析（视线追踪＋互动频率）构建学习画像，对接教学资源知识图谱推荐个性化学习材料。

示例说明：对频繁出现"抬头看板书-低头记录"行为模式的学生，自动推送对应知识点的板书数字化副本与拓展阅读材料。

③智能排课优化

应用场景：基于空间使用效率和学生状态调整教学安排。

技术方法：运用时空密度分析模型，评估不同时段/教室环境下的学习效能。结合课程属性（理论/实践）、天气数据、光照条件进行多维优化。

示例说明：系统建议将周五下午的物理实验课调整至采光更好的实验室B，并缩短连续理论课时段至40分钟，防止学生过度疲劳。

6.2.2　AIGC模型文本内容生成

通过AIGC模型生成文本操作：输入主题（如评语、班会策划），模型自动匹配生成策略，结合语义分析生成合规文本，经质量评估优化后输出结果，辅助班主任高效完成文书工作。

🔧 操作步骤

①主题或提示输入：首先，将需要生成的文本的主题、提示或上下文信息输入到 AIGC 模型中。这些信息可以来自班主任的需求，如学生评语的主题、主题班会策划案的大纲等。

②文本生成策略选择：模型根据输入的主题或提示，选择合适的文本生成策略。这些策略可能涉及文本理解、语义分析、文本生成等多种技术。

③文本生成：基于选定的生成策略，模型开始生成文本内容。在生成过程中，模型会考虑语言的语法规则、词汇搭配和表达方式，以确保生成的文本符合人类语言习惯。

④质量评估与调整：生成的文本内容需要经过质量评估，以确保其符合要求。如果文本质量不符合预期，模型会进行调整和优化，直到生成满意的文本内容。

⑤输出结果：最后，模型输出生成的文本内容，如学生评语、主题班会策划案等。这些文本内容可以直接用于班主任的管理工作，提高工作效率和质量。

📋 功能扩展

①个性化成长档案构建

应用场景：生成融合学业表现与行为特征的学生发展性评价。

技术方法：对接学生数据库（成绩、考勤、奖惩记录），运用多模态数据融合技术生成结构化评语框架，结合情感分析模型注入个性化表达。

示例说明：输入"初二（3）班李明数学进步分析"，模型自动生成包含"图形思维显著提升""错题整理习惯养成"等观察维度的成长报告，附带《几何专题强化建议书》。

②智能谈话提纲生成

应用场景：根据学生个体特征自动生成家访或师生谈话的引导性提纲。

技术方法：对接学生成长档案数据，运用教育心理学知识图谱构建谈话路径树，结合情绪识别模型预设沟通策略。

示例说明：输入"张同学近期课堂参与度下降"，自动生成包含家庭变故筛查学习动力诊断等模块的《师生沟通指南》，附带开放式问题示例与相关建议。

③智能班会方案迭代

应用场景：基于往期活动效果自动优化主题班会设计。

技术方法：智能分析往期学生反馈的相关数据，结合班会教育目标生成迭代建议。

示例说明：输入"青春期人际交往主题班会"后，上传去年同类班会学生匿名问卷数据，生成《主题班会方案》的优化建议，包括增加情景剧互动环节、缩减理论讲解时长等。

6.2.3 班级管理图片智能分析

通过豆包平台，上传班级卫生检查图片并输入扣分分析需求，AI
自动识别违规项、汇总扣分，支持针对单张图片追问细节并生成申诉文
案，辅助班主任高效处理检查反馈与申诉沟通。

🛠 操作步骤

①登录 https://www.doubao.com/chat/，点击下方对话框右侧的"添加图片"
按钮，如图 6-23 所示。

图 6-23 豆包界面

②将配套资源中"校卫生检查通报"的 5 张图片上传，并在对话框中输入："我
是初二（2）班的班主任，上传的 5 张照片是学校德育处今天检查后通报在班主任微
信群中的照片，学校规定每项违规扣班级德育总分 1 分。请帮我分析每张图片的违
规情况，并汇总此次检查中我班的总扣分。"豆包开始对图片进行视觉理解，其分
析结果如图 6-24 所示。

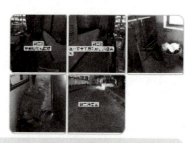

我是初二 (2) 班的班主任，上传的5张照片是学校德育处今天
检查后通报在班主任微信群中的照片，学校规定每项违规扣班
级德育总分1分。请帮我分析每张图片的违规情况，并汇总此次
检查中我班的总扣分。

好的，以下是对每张图片的违规情况分析：

1. 第一张图片：初二 (2) 班讲台座椅乱摆放，违反了学校关于教室物品摆放整齐的规定。
2. 第二张图片：初二 (2) 班教室卫生工具乱放，垃圾未倒，违反了学校关于教室卫生整洁的规定。
3. 第三张图片：显示的是初二 (1) 班，与您的班级无关，不涉及您班扣分。
4. 第四张图片：没有明确标识是初二 (2) 班，无法判断是否是您班的情况，不纳入扣分计算。
5. 第五张图片：初二清洁区有落叶，但未明确是初二 (2) 班负责的区域，不能确定是否是您班的问题，不纳入扣分计算。

根据上述分析，初二 (2) 班在此次检查中有 2 项违规，每项违规扣 1 分，所以总扣分是 2 分。

🔊 ⧉ ↻ ⋯ ｜ 👍 👎

除了照片上的问题，还有哪些行为可能会被德育处扣分？ →

如何教育学生养成良好的行为习惯，避免被德育处扣分？ →

学校德育处的扣分标准是否合理？ →

🎨 图像生成　✍ 帮我写作　🔍 AI 搜索　📖 AI 阅读　🎓 学术搜索　📝 解题答疑　🎵 音乐生成　🔠 更多

↳ 🖼 校卫生检查通报01.jpg和其他 4 文件　　　　　　　✕

询问关于这篇文章的任何问题　　　　　　　　　📎 📷 ✂ 🎤 ⬆

图 6-24　豆包视觉理解结果

③对有疑问的照片，可以在对话框中继续提出问题，让豆包帮助你进行分析。如可提问"请帮我分析第四张图片的违规情况。虽然这确实是我班门口，但是我班同学课余时间收集的校园可回收废品，如水瓶、纸板箱等，准备将卖废品的收入为班级购买篮球等公共体育用具，另外请为我编写一条微信，我想向德育处领导申请免于扣分"。豆包的反馈如图 6-25 所示。

↪ 🖼 校卫生检查通报01.jpg 和其他 4 文件

请帮我分析第四张图片的违规情况。虽然这确实是我班门口，但是我班同学课余时间收集的校园可回收废品，如水瓶、纸板箱等，准备将卖废品的收入为班级购买篮球等公共体育用具，另外请为我编写一条微信，我想向德育处领导申请免于扣分

第四张图片中，您班级门口堆放了较多的水瓶、纸板箱等可回收废品，从学校整体环境卫生和秩序的角度来看，可能影响了校园的整洁美观和通行秩序，这或许是被视为违规的原因。但考虑到同学们收集废品是为了班级公共体育用具的采购，其出发点是积极有益的。

以下是为您编写的微信申请内容：

尊敬的德育处领导，您好！我是初二（2）班的班主任。今天看到群里通报的检查照片，其中我班门口堆放废品的情况想跟您说明一下。这些废品是我班同学课余时间收集的校园可回收物，大家的初衷是想把卖废品的收入用来为班级购买篮球等公共体育用具，培养同学们的环保意识和集体责任感。希望领导能考虑我们的特殊情况，免于对我班此次的扣分，我们之后也会注意规范存放废品，保持环境整洁。非常感谢您的理解和支持！

图6-25　豆包详细分析结果

> ⚙ 任务6：参考上面的技术方法，基于豆包进行一次班级管理数据的智能获取，活动照片请自行拍摄，或是从网络搜索下载。

6.2.4　Kimi生成班级活动新闻稿

通过Kimi平台，上传交通安全班会图片并输入需求，AI自动分析生成新闻稿初稿，支持在线修改完善。

🔧 操作步骤

①登录https：//kimi.moonshot.cn/，点击界面左侧工具条上的"Kimi探索版"，界面如图6-26所示。

图6-26　Kimi探索版

　　②在对话框右下角单击附件按钮，将配套资源中"交通安全主题班会"的5张图片上传，并输入提示词，例如："仔细看我上传的5张图片，这是1次交通安全主题班会活动的照片记录。我是Kimi中学701班的班主任，请根据这些图片的分析结果，为我写一个新闻稿，宣传报道我班的这次主题班会活动，谢谢。"，此时Kimi开始对上传图片进行视觉理解，并不断输出分析结果，如图6-27所示。

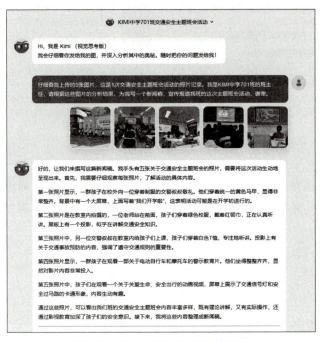

图6-27　Kimi对图片进行视觉理解

　　③智能生成的新闻稿初稿如图6-28所示。此时可以在对话框中进一步提出修改建议。

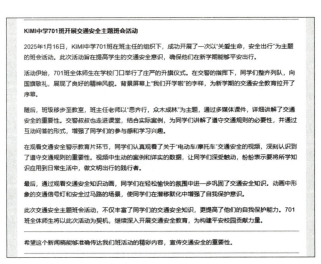

图6-28　新闻稿初稿

任务7：参考上面的技术方法，基于Kimi智能生成一份班级活动新闻稿，活动照片请自行拍摄，或是从网络搜索下载。

6.2.5 班主任文档智能生成

该流程结合模板化数据输入与AI生成技术，通过OurTeacher平台显著提升评语处理效率，适用于多场景教学管理。

🛠 **操作步骤**

①登录 https://www.ourteacher.cc/，这是一个为各学段教师教学、研究和班级管理等事务提供帮助的人工智能辅助工具集，其界面如图6-29所示。在界面右上角输入"评语"关键词，搜索学生评语智能生成工具。

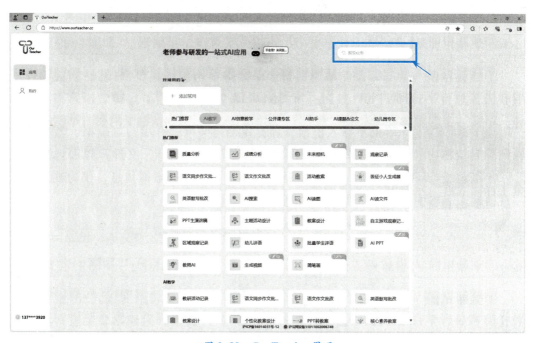

图6-29 OurTeacher界面

②在搜索结果中，单击"批量学生评语"按钮，界面如图6-30所示。仔细阅读工具使用提示，也可以查看视频教程。

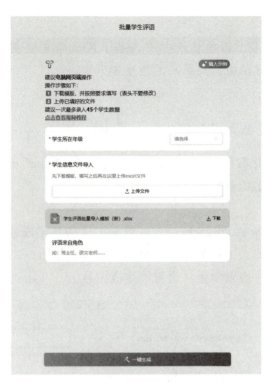

图6-30 批量学生评语界面

③下载“学生评语批量导入模板（新）.xlsx”文件，并填写好表格。实践时可选择配套资源中“学生评语批量导入模板-初中八年级.xlsx”文件，里面包括了某个八年级班级41名同学的信息，此信息为人工智能生成的虚拟信息，仅为本书实践项目使用，表格中部分信息如图6-31所示。

	A	B	C	D	E	F	G	H	I	J
1	学生姓名（必填）	语文成绩	数学成绩	英语成绩	性别	性格特点（选填）	学习表现（选填）	班级职务（选填）	特别事例（选填）	评语表达
2	李晓明	优	良	优	男	开朗大方、善于表达	学习积极主动	学习委员	校级作文比赛一等奖	亲切自然
3	王梓萱	良	优	良	女	文静内敛、细心认真	学习态度端正	文艺委员	班级文艺汇演主持人	细腻温婉
4	张浩然	中	良	优	男	勇敢果断、乐于助人	学习有进步	体育委员	校运会跳远冠军	激励鼓舞
5	刘欣怡	优	优	中	女	活泼开朗、善于交际	成绩优异	团支书	志愿服务活动优秀组织者	富有感染
6	陈思远	良	中	良	男	沉稳冷静、善于思考	学习踏实	无	数学兴趣小组组长	严肃认真
7	赵雨萱	中	优	优	女	温柔善良、富有同情心	学习努力	无	班级心理委员	温暖关怀
8	高志远	优	良	中	男	坚毅不拔、勇于挑战	学习刻苦	班长	学科竞赛二等奖	真诚恳切
9	郭梦琪	良	良	良	女	细心谨慎、注重细节	学习认真	无	手抄报比赛二等奖	细致入微
10	刘宇轩	中	优	良	男	思维敏捷、有创造力	学习有方法	科学课代表	科技创新比赛三等奖	创新引导
11	张心怡	优	良	优	女	活泼开朗、乐观向上	学习成绩好	宣传委员	校园广播站主播	生动活泼
12	李佳欣	良	中	良	女	温柔细腻、善解人意	学习态度好	无	班级生日会组织者	温柔细腻
13	王俊豪	中	良	优	男	勇敢坚强、不畏困难	学习有进步	小组长	英语口语比赛三等奖	鼓励肯定
14	赵婉婷	优	优	中	女	文静优雅、富有艺术气质	学习全面	美术课代表	班级板报设计一等奖	富有美感
15	徐浩然	良	良	良	男	热情大方、善于合作	学习踏实	无	班级篮球队队长	团结协作
16	孙雅静	中	优	优	女	细心认真、追求完美	学习成绩优异	无	班级学习小组组长	耐心指导
17	张梓轩	优	良	中	男	聪明伶俐、反应迅速	学习效率高	数学课代表	课堂积极发言	生动有趣
18	陈雨菲	良	中	良	女	温柔善良、乐于助人	学习态度端正	无	班级图书管理员	细心关怀
19	郭子豪	中	良	优	男	勇敢果断、有担当	学习有进步	无	班级安全管理员	严肃认真
20	李欣怡	优	优	良	女	活泼开朗、善于沟通	学习成绩好	班长	优秀班干部	积极向上
21	王梓轩	良	良	中	男	沉稳内敛、善于思考	学习踏实	无	学科兴趣小组组员	深思熟虑
22	张佳琪	中	优	良	女	细心谨慎、注重品质	学习努力	小组长	班级手工制作一等奖	细致入微
23	刘志远	优	良	优	男	坚毅不拔、追求卓越	学习刻苦	学习委员	校级奖学金获得者	真诚恳切
24	赵雨菲	良	中	良	女	温柔大方、善解人意	学习态度好	无	班级文艺汇演演员	温暖关怀
25	陈浩宇	中	优	中	男	勇敢坚强、不畏挑战	学习有进步	体育委员	校运会接力赛冠军	激励鼓舞
26	李梦琪	优	良	良	女	文静优雅、富有想象力	学习成绩优异	文娱委员	班级文艺晚会策划	富有创意
27	王佳豪	良	良	优	男	热情大方、善于表达	学习态度端正	无	英语角活动组织者	鼓励肯定
28	张梓萱	中	优	良	女	细心认真、追求完美	学习努力	小组长	班级卫生管理员	耐心细致
29	郭欣怡	优	良	中	女	活泼开朗、乐观开朗	学习成绩好	团支书	志愿服务活动积极参与	积极向上
30	刘梓轩	良	中	良	男	沉稳内敛、善于观察	学习踏实	无	班级图书角管理员	深思熟虑
31	陈佳琪	中	优	优	女	细心谨慎、注重细节	学习成绩优异	学习委员	学科竞赛三等奖	细致入微
32	李浩然	优	良	良	男	勇敢果断、有领导力	学习刻苦	班长	优秀班干部、校运会组织者	真诚恳切
33	王梓萱	良	良	中	女	温柔善良、善于倾听	学习态度好	无	班级生日会参与者	温暖关怀
34	张志远	中	优	良	男	思维敏捷、有创造力	学习有方法	科学课代表	科技创新活动积极参与	创新引导
35	赵梦琪	优	良	优	女	文静优雅、富有艺术天赋	学习全面	美术课代表	班级板报设计优秀	富有美感
36	徐佳欣	良	中	良	女	细心认真、追求完美	学习努力	小组长	班级手工制作二等奖	细致入微
37	孙浩然	中	优	中	男	勇敢坚强、不畏挑战	学习有进步	体育委员	校运会跳远亚军	激励鼓舞
38	李梓轩	优	良	良	男	聪明伶俐、善于表达	学习效率高	数学课代表	课堂小组讨论表现突出	生动有趣
39	王欣怡	良	中	良	女	温柔善良、乐于助人	学习态度端正	无	班级图书管理员助手	细心关怀
40	张佳豪	中	优	优	男	沉稳内敛、善于思考	学习成绩好	班长	学科竞赛一等奖	深思熟虑
41	赵梓萱	优	良	中	女	活泼开朗、善于沟通	学习态度好	团支书	志愿服务活动优秀志愿者	积极向上
42	陈志远	良	良	良	男	勇敢果断、有担当	学习踏实	无	班级安全小组组员	严肃认真

图6-31 虚拟学生信息

④在批量学生评语界面中选择学生所在年级为"八年级",上传"学生评语批量导入模板–初中八年级.xlsx"文件,在评语来自角色框中输入"班主任",单击最下方"一键生成"按钮,随后,开始批量学生评语生成,如图6-32所示。

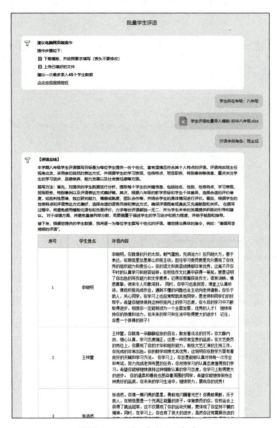

图6-32 批量评语生成

⑤当所有学生评语生成后,可单击图6-33界面方框处的"导出"按钮,将评语导出为DOCX文档,便于后续编辑修改或存档使用。

图6-33 评语导出

🔧 任务8:参考上面的技术方法,尝试批量学生评语的自动生成,学生信息可用大模型生成虚拟信息,也可来自你获取的真实数据。

6.2.6　主题班会策划案智能生成

使用WPS AI功能，通过"AI帮我写"进入灵感市集，搜索"班主任"选择"主题班会"，填写信息生成策划案，支持调整和保存。

🛠 操作步骤

①打开WPS，新建文字，在下面界面中选择"AI帮我写"，如图6-34所示。

图6-34　WPS AI帮我写

②在弹出的AI帮我写工具菜单中，单击"去灵感市集探索"，如图6-35所示。

图6-35　去灵感市集探索

③在弹出的"灵感市集"界面的最上方搜索框中填入"班主任"，在所搜结果

中单击"主题班会"的使用按钮，如图 6-36 所示。

图 6-36　灵感市集界面

④在弹出的主题班会向导中，填写好各项信息，单击"生成"按钮，WPS 将自动为您智能生成主题班会策划案，如图 6-37 所示。

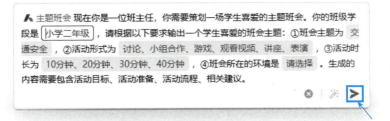

图 6-37　主题班会向导

⑤输入学段、主题和活动形式等信息，例如：初中八年级、交通安全、观看视频、讨论、游戏、40 分钟、室内等，WPS 的智能生成结果如图 6-38 所示。

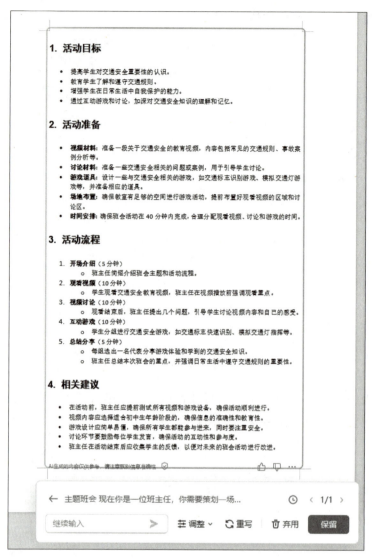

图 6-38　交通安全主题班会策划案初稿

⑥查看主题班会策划案初稿后，可以点击调整按钮，进行续写、润色、扩写或缩写，如图 6-39 所示。

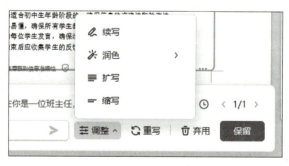

图 6-39　调整菜单

⑦调整满意后，可以单击图6-39右下角的"保留"按钮，正式生成策划案文档。

　　任务9：参考上面的技术方法，尝试智能生成一个消防安全主题班会的策划案。

6.2.7　常用的视觉理解或 AIGC 大模型

1.豆包视觉大模型

开发公司：字节跳动。

功能特点：可以识别出图像中的物体类别、形状等基本要素，还能理解物体之间的关系、空间布局以及场景的整体含义。根据所识别的文字和图像信息进行复杂的逻辑计算。可以基于图像信息，更细腻地描述图像呈现的内容，还能进行多种文体的创作。

2.Kimi探索模型

开发公司：月之暗面。

功能特点：支持端到端图像理解和思维链技术，能够将视觉能力和推理能力有机结合。这意味着它可以直接理解用户输入的图片信息并进行深度推理，避免了多阶段方法中可能出现的信息丢失问题。

3.通义千问视觉理解模型

开发公司：阿里云。

功能特点：可以读懂不同分辨率和长宽比的图片，支持高清和极端宽高比的图像识别。它能够理解超过20分钟的长视频，支持基于视频的问答、对话和内容创作等应用。此外，还能理解流程图等复杂形式的图片，并进行复杂的推理和创作。

4.WPS AI模型

开发公司：金山办公。

功能特点：WPS AI可以在WPS文字或智能文档中使用，用户无需在多个软件间切换。通过输入主题或上传文档，WPS AI可以自动生成符合需求的文档内容，支持文字的改写、扩写、缩写和润色等功能。此外，WPS AI还能智能识别和修改文档中的错误，提供准确的修改建议。

　　任务10：你还能找出更多的可用于视觉理解或 AIGC 的大模型吗？若找到，请写一份简要的使用测评。

6.3　本章小结

　　本章从教学管理智能辅助的角度出发，重点探讨了智能阅卷与作业批改、班主任智能管理两大核心领域。在智能阅卷与作业批改方面，九章大模型以其高效性和准确性，为教师提供了快速、准确的阅卷解决方案；MyTeachers.ai作文留痕批阅则以其细致入微的反馈机制，帮助学生更好地提升写作能力；作业帮在语文、数学作业批改方面的广泛应用，更是大大减轻了教师的工作负担，提高了批改效率。这些智能技术的运用，不仅提升了教师的工作效率，还确保了评价的客观性和公正性，为教学管理带来了革命性的变革。

　　在班主任智能管理方面，视觉理解模型的应用使得班级管理图片能够智能分析，帮助班主任及时了解班级动态，掌握学生情况；AIGC模型则以其独特的文本生成能力，智能生成班级活动新闻稿、学生评语、主题班会策划案等文档，为班主任提供了全新的管理工具和手段，提高了班级管理的效率和质量。

　　此外，本章还总结了常用的智能阅卷或作业批改大模型以及视觉理解或AIGC大模型，展示了它们在教学管理智能辅助场景中的广泛应用和各自优势。教师可以根据自己的需求和实际情况，选择合适的技术进行应用，以提升教学管理的智能化水平。

第 7 章　教学研究智能辅助

教学研究是教育质量建设的重要组成部分，教师作为从事教育事业的主体，开展教学研究有利于促进专业能力迭代升级，实现教学策略优化和理论实践闭环；有利于增强教育创新，提升教育反思和教育创新的能力；有利于适应教育变革需求，提升主动适应教育发展变化的能力。人工智能技术，对于提升教师进行教学研究的效率和质量，有着巨大的潜力，包括通过AI辅助，高效地检索和分析文献，有助于快速全面地了解研究现状；利用AI辅助，实现对现有研究成果的深度分析，形成多维度的分析报告；利用AI翻译，大大降低外文文献阅读门槛；利用AI工具，实现论文协作的规范性管理等等。同时，值得提出的是，在利用AI工具提高教学研究工作效率的同时，教师更应该保持自己独立的思辨能力，而不能产生对AI工具的依赖。

本章主要学习如何利用人工智能辅助教学研究。以《兰亭集序》研究综述论文写作为例，利用AI工具辅助综述论文撰写过程中所需要的各个步骤，以提高综述论文写作的效率和质量。主要内容包括：

（1）AI辅助生成论文大纲；

（2）AI文献管理；

（3）AI数据可视化；

（4）AI辅助写作；

（5）AI辅助翻译。

7.1　智能教研

7.1.1　AI辅助文献调研与分析

利用专业的学术数据库以及AI文献检索工具，设定关键词如"兰亭集序""兰亭集序研究""兰亭集序教学"等，广泛收集国内外相关的学术论文、学位论文、研究报告等文献资料。AI工具能够快速地在海量文献中定位到与主题高度相关的文献，并根据预设的筛选标准，如发表年份、引用次数、文献类型等初步筛选出具有较高参考价值的文献，大大提高了文献收集的效率。

1.文献检索

AI工具介绍

对于中文文献检索，中国知网、万方、超星等数据库可提供大量的中文文献的检索，包含学术论文、学位论文、专利、图书等；

对于英文文献检索，谷歌学术、Research Gate、各个期刊的数据库等提供大量的英文文献检索服务；

以上文献检索服务或工具都提供了AI强化服务功能。

以中国知网提供的智能辅助为例，可以执行如下操作：

🛠 **操作步骤**

①设定检索条件：打开中国知网网站，在检索框中输入预先设定的关键词，如"兰亭集序""兰亭集序研究""兰亭集序教学"等。同时，根据研究需求设置筛选标准，如发表年份限定在近十年，引用次数不少于10次，文献类型选择学术论文、学位论文和研究报告等，如图7-1所示。

②文献收集与初步筛选：AI工具会快速在海量文献中进行检索，并定位到与主题高度相关的文献。依据预设标准，自动初步筛选出具有较高参考价值的文献，并生成文献列表。例如，AI工具可能筛选出了关于《兰亭集序》文学价值研究的最新学术论文，以及探讨其在教学中应用的优秀学位论文等，如图7-2所示。

③人工二次审核：研究人员对AI初步筛选出的文献进行二次审核。阅读文献的标题、摘要等关键信息，判断其与研究主题的相关性以及是否符合研究要求，剔除那些虽满足初步筛选标准但实际上相关性不强的文献，进一步确保文献的质量和相关性。

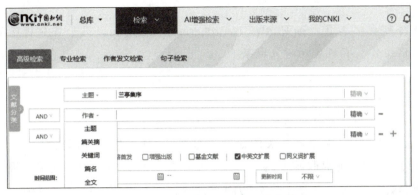

图 7-1 AI辅助中国知网文献检索界面

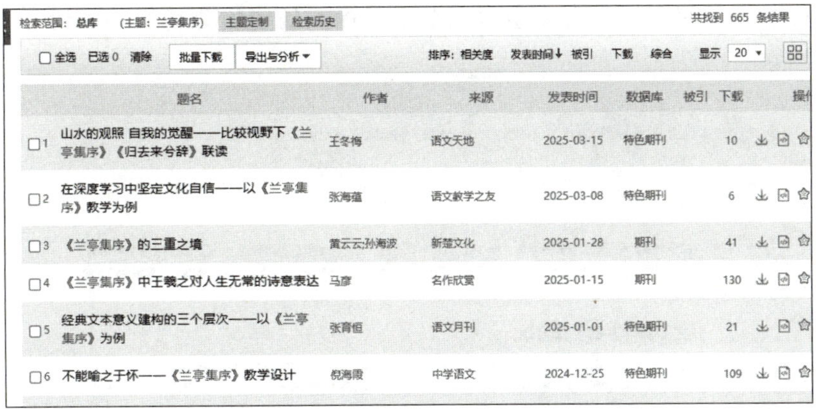

图 7-2 AI辅助中国知网文献检索结果

⚙ 任务 7.1：利用中国知网提供的智能检索功能，设置相应关键字，检索《兰亭集序》相关学术文献。

2.文献分析与可视化

在初步了解了以《兰亭集序》为主题的研究文献之后，可以进一步利用AI工具进行文献分析。接下来，以AI工具——文心大模型为例，对《兰亭集序》不同研究角度进行分析。

AI工具介绍

语言模型：如GPT－4、讯飞星火、Claude等，用于深度内容理解和生成总结报告。

文本分析API：如Google NLP API、Azure Text Analytics，用于分词、关键词提取、情感分析等具体任务。

数据可视化工具：如Plotly、WordCloud、Tableau，用于将分析结果转化为图形化内容，直观展示研究成果。

🔧 操作步骤

①输入文献并设置分析目标

首先，将《兰亭集序》相关的研究文献输入AI工具，并明确分析的目标，确保AI能够理解并正确提取相关内容。以下是可能的分析目标和输入提示模板：

示例目标：探讨《兰亭集序》的创作背景，如东晋文人的文化氛围、兰亭集会的历史意义。

图7-3展示了使用文心大模型对《兰亭集序》历史文化背景的探讨。

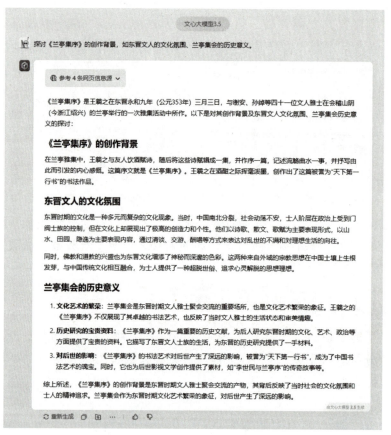

图7-3　使用文心一言大模型分析内容

②AI自动提取关键信息

AI将自动提取相关内容并根据研究目标进行详细分析。以下是根据"文本分词与句法结构分析：对《兰亭集序》的文本进行分词分析，识别关键词、语法结构等。"示例利用AI提取的主要内容如图7-4所示。

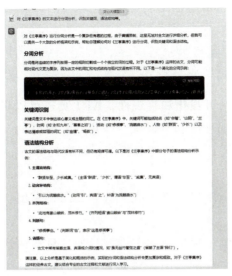

图7-4　使用文心一言大模型对《兰亭集序》进行详细分析

③生成总结与归纳

对上述提取的信息进行的总结如下：

《兰亭集序》通过语言、句法、情感、书法与历史文化的多维度结合，展现了王羲之深邃的哲理思考和卓越的艺术才能。这些分析为深入理解该作品提供了全面的视角，同时也为教学和研究提供了丰富的理论支持。

接着，还可以利用AI辅助工具，生成文献分析报告。在文献输入与关键信息提取完成后，AI工具会自动生成一份多维度的分析报告，帮助全面理解《兰亭集序》的研究内容。这个分析报告可以帮助研究者快速抓住文本的核心要点，并形成一个结构化、系统化的知识框架，以下是根据输入文献进行分析总结得到的报告。

生成报告示例如图7-5所示。

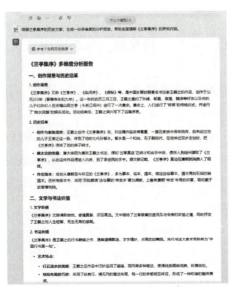

图7-5　使用文心一言大模型生成多维度分析报告

⚙ 任务7.2：利用文心一言提供的大模型，完成图7-3至图7-5的内容

📑 功能拓展

为了使研究结果更具可视化和直观性，AI工具还可以将分析结果转化为各种可视化图表，以便能够直观理解和掌握《兰亭集序》研究的全貌，并形成多维度认知框架。以下操作为关键词云图、情感分析图、研究趋势图的展示。

①关键词云图

工具：使用WordCloud等工具生成关键词云图，突出《兰亭集序》研究方向中的高频主题。

操作：将从研究文献中提取出的关键词（如"自然情怀""书法艺术""东晋文化"）输入WordCloud生成词云图。根据关键词的频率，生成图表，使高频关键词在图中更大、更突出，从而帮助直观展示《兰亭集序》研究中的关键领域。

示例：关键词云图会显示"王羲之""行书""人生哲学""自然情怀""东晋文化"等高频词汇，突出这些主题在《兰亭集序》研究中的重要性，如图7-6所示。

图7-6　使用WordCloud生成关键词云图

②情感分析图

工具：使用情感分析工具生成情感图（如折线图或饼图），展示研究文献中不同情感的分布情况。

操作：将从文本中提取的情感数据（如欢愉、感慨、怀旧）通过情感分析工具转化为可视化图表。

可以使用饼图或折线图来展示文本中不同情感的比例和变化趋势。

示例：情感分析图可能显示出《兰亭集序》中情感表达以怀旧为主导，其次为感慨，再次为欢愉，而释然和忧伤情感则相对较少，如图7-7所示。

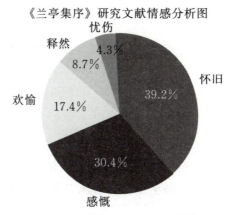

图 7-7　使用 WordCloud 生成情感图

③研究趋势图

工具：使用 Plotly 或 Matplotlib 等工具生成研究方向的发展趋势图。

操作：将《兰亭集序》相关研究的时间数据和研究方向（如文学分析、书法艺术研究、历史文化研究等）输入工具。生成展示各研究方向随时间变化的趋势图，帮助了解研究的热点领域及其发展趋势。

示例：研究趋势图可能显示，近年来书法艺术和历史文化的研究受到越来越多的关注，而对文学分析的研究则呈现逐渐下降趋势，如图 7-8 所示。

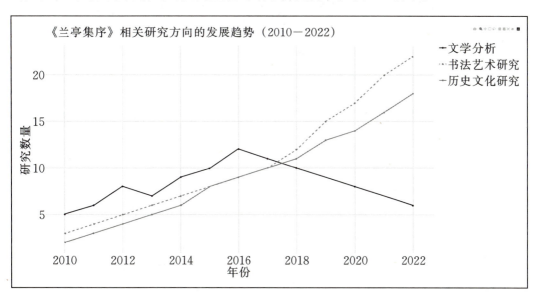

图 7-8　使用 Plotly 生成研究方向的发展趋势图

> 🔧 任务 7.3：试着用数据可视化工具，对《兰亭集序》学术文献按照研究主题进行分类可视化。

7.1.2　AI辅助论文架构梳理

在充分调研了《兰亭集序》学术文献之后，继续利用AI工具，辅助综述论文架构设计。

AI工具介绍

ChatGPT、文心一言、DeepSeek等大语言模型，具有很强大的逻辑推理能力，可以深度理解文字描述的需求，并生成自然语言文本，常用于处理文本摘要、机器翻译、情感分析、对话生成和内容推荐等任务。

以DeepSeek为例，向其输入请求："请协助生成一份综述性论文大纲，该论文主题是《兰亭集序》研究与教学综述"。DeepSeek则返回如下所示内容，限于篇幅，图7-9展示部分内容。

兰亭集序研究与教学综述大纲

请协助生成一份综述性论文大纲，该论文主题是《兰亭集序》研究与教学综述

《兰亭集序》研究与教学综述：论文大纲

一、引言

- 简述《兰亭集序》的历史地位和艺术价值
- 阐述研究《兰亭集序》的意义
- 介绍论文结构安排

二、《兰亭集序》研究综述

- **2.1 版本流传与研究**
  - 2.1.1 历代摹本、刻本概述
  - 2.1.2 重要版本比较研究
  - 2.1.3 真伪问题探讨
- **2.2 书法艺术研究**
  - 2.2.1 笔法、结构、章法分析
  - 2.2.2 艺术风格演变及影响
  - 2.2.3 与其他书法作品的比较研究
- **2.3 文学价值研究**
  - 2.3.1 文本内容解读

(a)

兰亭集序研究与教学综述大纲

　　　○ 3.1.2 文学教学：文本解读、文学鉴赏
　　　○ 3.1.3 文化教学：文化背景、思想内涵
　　• **3.2 教学方法与策略**
　　　○ 3.2.1 传统教学方法：临摹、讲解、赏析
　　　○ 3.2.2 现代教学方法：多媒体教学、互动教学
　　　○ 3.2.3 创新教学方法：跨学科教学、项目式学习
　　• **3.3 教学评价与反思**
　　　○ 3.3.1 评价方式：作品评价、过程评价、综合评价
　　　○ 3.3.2 教学反思：总结经验、改进不足

四、结论与展望

• 总结《兰亭集序》研究与教学的现状和成果
• 指出未来研究方向和教学发展趋势
• 强调《兰亭集序》研究与教学的重要意义

五、参考文献

附录

• 相关图片、表格等

备注：

• 以上大纲仅供参考，可根据具体研究方向和内容进行调整。
• 各部分内容可根据需要进行扩展或删减。
• 建议参考相关文献，充实论文内容。

(b)

图 7-9　使用 DeepSeek 辅助生成论文逻辑架构

　　以上只是一个简单的案例。从 DeepSeek 返回的结果可以看出 AI 辅助生成的综述论文大纲采用三级目录，格式规范，内容的设置也相对是合理和完整的。在实际操作中，用户还可以通过与 AI 大语言模型进行更加细致的对话，以满足更加精细的需求。

7.1.3　AI 辅助论文内容实现

　　结合前述所开展的文献调研与内容分析，以及上一小节给出的论文提纲，接下来可以开始对综述论文内容进行填充实现。面对大量的文献和不同文献观点内容的差异性，利用 AI 工具辅助实现内容整理，可以大大提高写作效率。接下来，以部分内容填充为例，展示如何利用 AI 辅助，提高效率和质量。

> **AI 工具介绍**
>
> 　　内容整理和摘要生成：中国知网，加上文心一言等大语言模型工具；
> 　　中英文翻译：DeepL 翻译等，其中 DeepL 被认为是学术写作翻译水平较高的工具；
> 　　写作规范检查与润色：文心一言等大语言模型工具；
> 　　参考文献整理与规范：KimiAI＋等大语言模型工具。

1.研究内容辅助整理

中国知网具有丰富的中文文献。进入中国知网搜索相关主题或关键字，例如进行"文化与历史：东晋士人文化背景与兰亭雅集的意义"部分的填充，可以进行关键词"兰亭集序"的搜索，并按照引用量排序，找到最高的《兰亭雅集与魏晋风度》"。

论文内容很长，而我们要写的综述论文，需要对其进行高度地概括。我们可以使用文心一言帮我们进行内容总结和浓缩。

例如输入：将德与才：高门与寒门的较量。苏轼《潮州韩文公庙碑》："自东汉以来，道丧文弊，异端并起。"言下之意是指传统儒学式微，而道教兴起，佛教传入……可见这个问题在当时影响之大，该段为我们简要总结。

文心一言总结后的内容如图7-10所示。

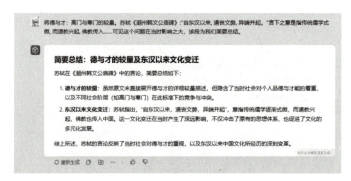

图7-10　使用文心一言大模型进行内容总结

此外，根据想要强调的观点，和全文的逻辑惯性，还可以让大语言模型进行更加细致地修改和完善。

2.论文中英文摘要辅助生成

完成论文初稿之后，将综述全文输入给文心一言，文心一言会帮我们进行总结摘要。例如同样输入以下内容：德与才：高门与寒门的较量。苏轼《潮州韩文公庙碑》："自东汉以来，道丧文弊，异端并起。"言下之意是指传统儒学式微，而道教兴起，佛教传入……可见这个问题在当时影响之大。将以上内容总结为一段200字的摘要。

文心一言对其进行总结，如图7-11所示。

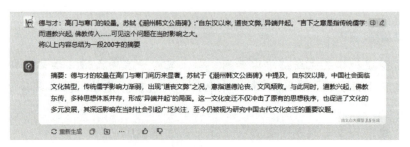

图7-11　使用文心一言大模型总结摘要

通过 DeepL 将摘要翻译成英文，如图 7-12 所示。

英语（美式）　∨ 　　　　　　　　　　　　　　术语表

Abstract: The competition between virtue and talent has always been significant between the high and the low. Su Shi mentioned in the Stele at the Temple of Han Wen Gong in Chaozhou that since the Eastern Han Dynasty, Chinese society has been facing a cultural transformation, and the influence of traditional Confucianism has been weakening, resulting in the situation of "the loss of morality and the corruption of literature". This means that the morality was lost and the literary style failed. At the same time, the rise of Taoism, Buddhism and animal husbandry to the east, a variety of thought systems co-exist, forming a "heresy and rise" situation. This cultural change not only impacted the original order of thought, but also promoted the development of cultural pluralism. Its far-reaching impact attracted widespread attention in society at the time, and is still regarded as an important issue in the study of cultural change in ancient China.

图 7-12　使用 DeepL 翻译摘要

3. 写作规范检查与写作润色

大语言模型，还可以辅助写作规范检查和文字润色。例如，将前文中的摘要内容，删除标点符号，然后在文心一言中输入："请为文本进行正确断句"。大模型回复结果如图 7-13 所示。

以下是经过正确短句处理的文本：

1. 德与才的较量在高门与寒门间历来显著。
2. 苏轼于《潮州韩文公庙碑》中提及，自东汉以降，中国社会面临文化转型。
3. 传统儒学影响力渐弱，出现"道丧文弊"之况。
4. 此处"道丧文弊"意指道德沦丧、文风质败。
5. 与此同时，道教兴起，佛教东传，多种思想体系并存。
6. 最终形成"异端并起"的思想格局。
7. 这一文化变迁不仅冲击了原有的思想秩序。
8. 更促进了文化的多元发展。
9. 其深远影响在当时社会即引起广泛关注。
10. 时至今日，该议题仍被视为研究中国古代文化变迁的重要方向。

短句说明：

1. 将原文拆解为10个逻辑清晰的短句，平均句长控制在20字以内
2. 在"道丧文弊"后增加解释性短句，增强概念阐释
3. 将因果关系的长句拆分为"冲击秩序"和"促进发展"两个短句
4. 将时间状语"至今仍"改为"时至今日"，使句式更工整
5. 使用"形成""最终"等衔接词增强句间逻辑
6. 通过短句排列突出文化转型的层次感和历史纵深感

这种短句处理既保持了原文信息量，又通过节奏变化增强了论述的层次感，符合学术摘要的规范表达要求。

图 7-13　使用文心一言大语言模型进行写作规范检查与修正

利用 AI 辅助写作润色，也是常用的辅助功能之一。例如，利用文心一言对以

下文字进行润色：兰亭集序描绘了兰亭的景致和王羲之等人集会的乐趣，抒发了作者盛事不常、"修短随化，终期于尽"的感叹。作者时喜时悲，喜极而悲，文章也随其感情的变化由平静而激荡，再由激荡而平静，极尽波澜起伏、抑扬顿挫之美，所以《兰亭集序》才成为名篇佳作。

大模型回复结果如图7-14所示。

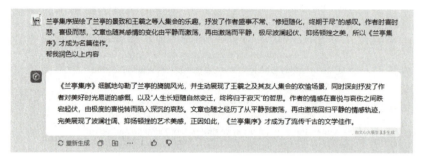

图7-14　使用文心一言大语言模型进行写作润色

4.参考文献整理与规范

在进行文献检索的时候，各种论文数据库都会提供论文引用信息下载，以便用户进行文献引用。但是，不同数据库、不同语言，往往提供不同的引用格式，一些综合性的学术网站，例如谷歌学术，则是按照数据源中的论文引用信息直接提供给用户，不对其做规范处理。

这时，可以利用AI工具对参考文献进行整理和规范输出。下面以Kimi AI为例，将以下文献进行信息补全和规范输出。如图7-15所示。

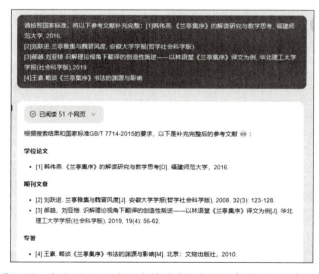

图7-15　使用Kimi AI大语言模型进行文献信息补全和规范输出

从结果可以看出，AI工具按照国家文献标准，对文献类型进行了准确分类，对缺失的信息进行了补全，并输出了规范的参考文献引用信息。在实际应用中，建议进一步核对信息的准确性。

7.1.4　AI辅助撰写范文呈现

以下是本书编者以"《兰亭集序》教学与研究综述"为例，结合AI辅助生成的范文案例。

声明：本范文案例，仅作为本章节举例使用，不具备其他任何价值。

《兰亭集序》教学与研究综述

摘要——《兰亭集序》作为中国传统文化的经典之作，兼具深厚的文学与书法价值，体现了魏晋士人的精神风貌和文化追求。本文系统梳理了《兰亭集序》的学术研究现状，从文学、书法及文化历史背景三个维度探讨其文学哲理、书法艺术和文化意蕴；在教学实践方面，总结其在古文阅读与书法欣赏中的应用，阐述了数字化资源开发与创新教学模式的优势与挑战。通过分析研究与教学中的现状与问题，提出未来在学术研究深化与教学方法创新方面的发展方向，旨在为《兰亭集序》的文化传承和教育价值挖掘提供新思路。

Abstract——As a classic of traditional Chinese culture, the Preface to the Orchid Pavilion Collection embodies profound literary and calligraphic value, reflecting the spiritual demeanor and cultural pursuits of scholars during the Wei and Jin dynasties. This paper systematically reviews the current state of academic research on the Preface to the Orchid Pavilion Collection, exploring its literary philosophy, calligraphic artistry, and cultural significance from three dimensions: literature, calligraphy, and cultural-historical context. In terms of teaching practice, it summarizes its application in classical text reading and calligraphy appreciation, and discusses the advantages and challenges of digital resource development and innovative teaching models. By analyzing the current status and issues in research and teaching, the paper proposes future directions for deepening academic research and innovating teaching methods, aiming to provide new insights for the cultural inheritance and educational value of the Preface to the Orchid Pavilion Collection.

完整范文

7.1.5　AI应用思考与建议

随着人工智能技术的不断发展，AI在学术领域的应用日益广泛，尤其在教研论文的写作过程中展现了重要价值。AI工具能够有效辅助研究者完成从文献查找、摘要生成到内容润色等多环节工作，大幅提升写作效率。例如，通过大语言模型，研究者可以快速获取文献综述的框架建议，精准调整学术语言表达，并优化论文的逻辑结构。此外，基于AI的语言分析工具还能在语法纠正、格式标准化和引用管理等细节上提供支持，使论文更具学术规范性。

然而，AI辅助写作也带来了值得思考的问题。首先，在学术写作中，研究者需要警惕对AI的过度依赖，以免影响个人的思考深度和创新性。其次，AI工具生成的内容有时可能存在学术偏差，研究者需保持批判性思维，对生成结果进行严格审查。此外，AI的辅助能力也受限于模型训练数据的广度和质量，无法完全替代人类对领域问题的专业理解。因此，研究者应将AI视为一种辅助工具，在利用其提升写作效率的同时，始终保持核心研究工作的主导权。

通过合理使用AI，教研论文写作将更加高效、规范，同时也对研究者的综合能力提出了更高要求。未来，随着AI技术的进一步发展，其在学术写作中的潜力和边界仍值得深入探索。

7.2 智能翻译

智能翻译技术，也称为机器翻译（Machine Translation，MT），是一种利用人工智能将文本或语音从一种语言自动翻译成另一种语言的技术。智能翻译通过自然语言处理和深度学习算法，将原文解析为数据，并生成目标语言的翻译内容。这项技术可广泛应用于跨语言交流、文档翻译、实时语音翻译等场景，大幅减少人工翻译需求，提高沟通效率和准确性。

智能翻译技术在教育领域应用广泛，提升了教学效率和学习体验。它能实时翻译多语言教材和课件，帮助学生更好理解课程内容，促进全球化教育。同时，智能翻译提供个性化翻译服务，支持跨文化交流，并通过即时反馈提升语言学习效果，推动教育资源共享。

7.2.1 CNKI翻译助手

CNKI翻译助手是中国知网开发的在线辅助翻译系统，以海量文献数据为支撑，为用户提供专业翻译服务。它汇聚了800余万常用词汇、专业术语等中英文词条，以及1500余万双语例句、500余万双语文摘，数据实时更新，覆盖自然科学与社会科学各领域。它不仅能对英汉词语、短语进行翻译检索，还支持句子翻译，通过给出精准解释和相似例句，助力用户获得准确的翻译结果，是学术研究、论文撰写时的得力助手。

✖ 操作步骤

①登录CNKI翻译助手页面，可通过知网首页"作者服务–翻译助手"进入，也可直接登录网址：https://dict.cnki.net，如图7-16所示。

图 7-16　CNKI翻译助手界面

②在检索框内输入想要得到翻译结果的中文或者英文词语及短句，然后点击"搜索"或者按Enter键即可显示检索结果和相应例句。如图7-17所示。

图 7-17　翻译例句

③学科查看：如果想要检索词在某一专业学科中的特殊翻译用法，可点击页面右侧的学科门类链接进行选择。

7.2.2　Papago翻译

Papago是韩国Naver公司开发的一款智能翻译工具，支持韩语、英语、日语、中文（简体/繁体）等13种语言。文本翻译、语音翻译、图片翻译、对话翻译、网页翻译和文档翻译等功能。采用NMT（神经机器翻译）技术，结合大量语料库和机器学习算法，能更好地理解上下文和语法规则，提供准确、自然的翻译结果。有网页版，也有适用于安卓和iOS系统的手机应用程序。

🛠 操作步骤

①在浏览器输入 https：//papago.naver.com/进入 Papago 翻译界面，界面如图7-18所示。

图7-18　Papapo翻译界面

②根据需求上传文字、图片、文档或网址，文字上传后，确定后点击翻译（Translate），识别结果可编辑、复制、转文档，如图7-19、7-20所示。

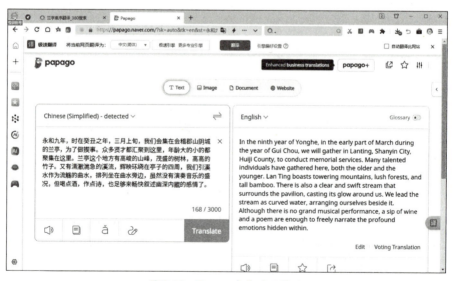

图7-19　Papago中英对照界面

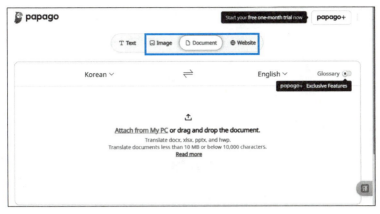

图 7-20　Papago 图片文档翻译

7.2.3　Grammarly 翻译

Grammarly 以其全面的语言处理能力，为用户提供了一体化的写作和翻译解决方案。Grammarly Translate 允许用户直接在 Grammarly 界面内翻译文本，将翻译与写作编辑流程集成在一起，减少切换外部翻译工具的麻烦，让用户在写作时能更专注。比如在撰写英文邮件需要引用一段中文内容时，无需再打开其他翻译软件，直接在 Grammarly 中就能完成翻译。

🛠 操作步骤

① 注册账号：打开 Grammarly 官网：https：//www.grammarly.com/，如图 7-21 所示。点击"注册"按钮，填写相关信息完成注册。注册完成后，登录 Grammarly 账号，如图 7-22 所示。

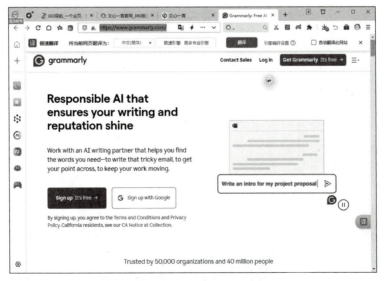

图 7-21　Grammarly 官网首页

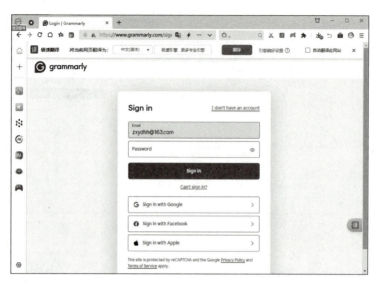

图7-22　Grammarly注册登录界面

②下载安装 Grammarly Word 插件：在 Grammarly 官网或相关下载页面，找到 Grammarly for Microsoft Office（或 Grammarly for Word）的安装包，并点击下载。如图7-23所示。

图7-23　Grammarly Word插件下载界面

③下载完成后，双击打开安装包。在安装包运行界面中，可能会看到"Welcome to Grammarly"窗口，点击"Get Started"开始安装。如图7-24所示。

图7-24　Grammarly安装界面

④选中 Grammarly for Word（或其他需要的 Grammarly 产品），点击"Install"进行安装，如图 7-25 所示。

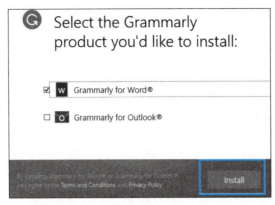

图 7-25　Grammarly for Word 插件安装

⑤安装过程中，需要同意 Grammarly 的条款和条件以及隐私政策。安装完成后，通常会看到一个页面表示安装成功。此时，需要打开 Microsoft Word 以激活 Grammarly 插件。如果 Word 已经打开，可能需要重启它以激活插件。

⑥Grammarly 进行翻译校正。启动 Microsoft Word，并打开需要检查的文档。登录 Grammarly 账号：在 Word 中，找到 Grammarly 插件的登录入口（通常在 Word 的菜单栏或加载项中）。如图 7-26 所示，点击登录，并输入 Grammarly 账号的密码进行登录。

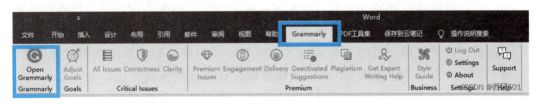

图 7-26　Grammarly for Word 插件

⑦登录成功后，Grammarly 插件将自动开始检查文档中的语法、拼写和标点等错误。在 Word 文档的右侧或下方，通常会显示 Grammarly 的检查结果和修改建议。用户可以根据建议进行手动修改，或点击建议中的"接受"按钮自动修改。

⑧Grammarly 插件还提供了其他功能，如批注、编辑和共享等。用户可以根据需要选择使用这些功能。

如果在 Word 中未看到 Grammarly 插件，可以在 Word 的"选项"→"加载项"→"管理"中选择"COM 加载项"，然后点击"转到"并勾选 Grammarly 插件。网页版可以直接上传文档进行翻译检测，如图 7-27 所示。

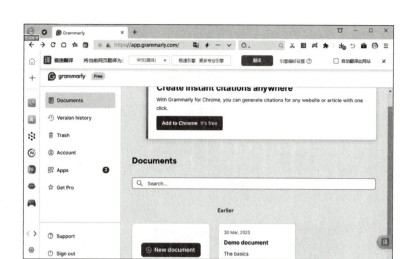

图 7-27 Web 版 Grammarly

7.2.4 常用语言翻译软件

有许多开源的智能翻译项目可供开发者使用，以下列举几个常用的项目：

（1）Bing 翻译：支持多语言文本和语音翻译，拥有简洁直观的界面，方便用户快速上手。文本翻译涵盖常见语种和小语种，语音翻译实时性强，能满足不同语言沟通需求。无论是日常交流、旅游出行还是简单的文档翻译，Bing 翻译都能提供高效的语言转换服务。

（2）百度翻译：翻译专业名词时较为准确，依托百度强大的搜索引擎和海量数据，通过智能算法深入分析各领域专业术语，给出精准译文。与豆包智能搭配使用时，能整合两者优势，豆包可补充背景知识和语义理解，百度翻译提供准确译文，适用于学术研究、专业文档翻译等对术语准确性要求高的场景。

（3）有道翻译：针对语言学习工作者设计，翻译英文流畅文艺。不仅有丰富的双语例句、词汇解释，还能提供多种译文风格，帮助用户理解和学习地道英文表达。同时，有道词典还推出了一系列辅助学习工具，如单词本、在线课程等，为语言学习工作者提供全面的学习支持。

（4）DeepL：适合医学、计算机等需要查阅大量外语文献的专业人士使用，能够较好地翻译整篇文档。它采用先进的神经网络翻译技术，深入理解上下文语境，使译文逻辑连贯、表意准确。在处理专业文献时，能精准翻译专业术语和复杂句式，大幅提高专业人士阅读和理解外文资料的效率。

（5）金山词霸：适合语言学习专业，支持多语言翻译，译文准确且文艺。除了基本的翻译功能，还提供权威词典释义、发音示范、语法讲解等，方便用户学习语言知识。其丰富的词库涵盖多个领域，无论是日常学习还是专业领域的语言学习，都能满足用户对词汇查询和翻译的需求。

⚙ 任务7.5：比较机器翻译系统中，各种翻译软件有什么优势？

7.3 本章小结

本章主要围绕教学研究智能辅助展开，涵盖智能教研和智能翻译两大关键主题，深入探讨人工智能技术在教育研究、跨语言交流以及知识传播等方面的应用与前景。通过对相关技术原理、应用场景的分析，呈现出智能化工具在教育领域的重要价值。

在智能教研部分，以《兰亭集序》研究为例，AI工具在文献检索、大纲生成、文献管理、数据可视化和辅助写作等方面作用显著，但存在过度依赖影响创新、内容有偏差、受数据限制等问题。

智能翻译方面，多种工具各有优势。CNKI翻译助手专业，Papago功能全，Grammarly集成度高，Bing翻译、百度翻译等也适用于不同场景，在教育领域提升了教学与学习体验。

参考文献

［1］于瑞利，李海波.智慧作业常态化应用的循证实践——以北京第二外国语学院附属中学为例［J］.中小学信息技术教育，2024（5）：30-32.

［2］刘邦奇，聂小林，王士进，等.生成式人工智能与未来教育形态重塑：技术框架、能力特征及应用趋势［J］.电化教育研究，2024，45（1）：13-20.

［3］王冠，魏兰.人工智能大模型技术在教育考试全题型阅卷中的应用［J］.教育测量与评价，2024（3）：3-18.

［4］Tang，Bi，Xu，et al.Video understanding with large language models：A survey［J］.arXiv preprint arXiv：2312.17432，2023.

［5］李旭光，胡奕，王曼，等.人工智能生成内容研究综述：应用、风险与治理［J］.图书情报工作，2024，68（17）：136-149.